静下来，一切都会变好

曹君丽 编著

南海出版公司
2019·海口

图书在版编目（CIP）数据

静下来，一切都会变好 / 曹君丽编著. -- 海口：
南海出版公司，2019.12（2021.4 重印）
ISBN 978-7-5442-9610-6

Ⅰ．①静… Ⅱ．①曹… Ⅲ．①人生哲学-通俗读物 Ⅳ．①B821-49

中国版本图书馆 CIP 数据核字（2019）第 085329 号

JING XIALAI, YIQIE DOU HUI BIAN HAO
静下来，一切都会变好

编　　著	曹君丽
责任编辑	李凤君
美术设计	松雪图文
出版发行	南海出版公司　电话：（0898）66568511（出版）　（0898）65350227（发行）
社　　址	海南省海口市海秀中路 51 号星华大厦五楼　邮编：570206
电子邮箱	nhpublishing@163.com
经　　销	新华书店
印　　刷	三河市众誉天成印务有限公司
开　　本	880 毫米×1270 毫米　1/32
印　　张	5
字　　数	110 千
版　　次	2019 年 12 月第 1 版　2021 年 4 月第 4 次印刷
书　　号	ISBN 978-7-5442-9610-6
定　　价	36.00 元

南海版图书　版权所有　盗版必究

前　言

　　水平静了不仅可以照人影，也可以做木匠"定平"的水平仪。俗话说"心平似镜"，人的心境如果平静了，就能鉴照天地的精微，甚至还可以明察万物的奥妙。

　　东坡居士游览庐山时与兴龙寺住持常聪和尚言谈甚为投机，夜深了还在烛前论"无情说法"，即山水等无情之物也会说法。黎明之际，苏轼豁然觉悟，呈上一诗偈："溪声尽是广长舌，山色无非清净身。夜来八万四千偈，他日如何举似人？"意思是，谷溪之声便是佛尊绝妙的说法，水光山色即是佛的清净真身。今夜无数偈文的真义，今后我怎样才能告诉他人呢？道元也说过："山色谷响悉皆释尊的声姿。"雪堂寺的行脚和尚看过东坡的诗偈后，认为"尽是""无非""夜来""他日"八字多余，宜删削之。白隐禅师的师父正受老人更有过之："广长舌、清净身都是多笔，仅溪声、山色就可以了。"白隐有一首著名的歌偈"坐林中古寺，听拂晓雪声"，其旨意皆与东坡居士同。

　　赏花以含苞待放时为最美，喝酒以喝到略带醉意为适宜。这种花半开和酒半醉含有极高妙的境界。反之，花已盛开而酒已烂醉，那不但大煞风景而且也活受罪。所以事业达到巅峰的人，最好能深思一下这两句话的真义。

为人处世切忌过之，天道忌盈，人事惧满，月盈则亏，花开则谢，这些都是天理循环的规律，也是处世的盈亏之道。

大自然的"风花""雪月"亦可给人恬静的心境，恬静的心境又可增进自己的智慧，智慧增进以后不外用，又用自己的智慧来促进自己心境的恬静。智慧与恬静交相涵养促进，和顺之气便从本性中流露出来。真正的智者从来不叽叽喳喳地表现自己，让自己智慧的锋芒外露。那些没有智慧的人成天闹哄哄的，大叫大嚷地表现自己，生怕一静下来这个世界就把他忘了。

一个人，找一处安静的地方，或许是一棵树旁，或许是一泓水边，静坐一会儿，让心平静下来，是不是会有一种久违的幸福感呢？在这个浮躁的年代里，唯有做一个心静的人，懂得选择，学会放弃，经得住诱惑，耐得住寂寞，才能获得心灵的笃定和超然，幸福便会在静心中悄然降临。

要学会静心，这样才能看见事物背后的真相。紧张时静静心，你会拥有一份从容和镇定；愤怒时静静心，你便能和风细雨地化解矛盾；疲惫时静静心，你会更有信心地走好后面的路；得意时静静心，你会发现这点成功实在微不足道；失意时静静心，你会发现自己其实有很多优点……静心，你会发现生活的另一面正阳光灿烂、繁花似锦……

2019 年 4 月

目录
CONTENTS

Part 1　不是世界太喧嚣，而是你的心不静

人生如水，学会沉淀　　　　　　　　　　002
用简单缔造宁静的内心世界　　　　　　　005
用宁静来引导生活　　　　　　　　　　　008
顺其自然，超然人生　　　　　　　　　　011
心静才能体会自然的真味　　　　　　　　014

Part 2　不着急，慢慢来，一切都来得及

别让自己活得太累　　　　　　　　　　　018
放松紧绷的心弦，不做"神经质"　　　　　021
学会放松，人生才能轻松　　　　　　　　024
多和不如自己的人比　　　　　　　　　　028
每天给自己一个美好的期盼　　　　　　　031

Part 3　越是艰难处，越是修心时

成功之路并非坦途　　　　　　　　　　036
在羞辱的激励下获得成功　　　　　　　039
把苦难当作财富　　　　　　　　　　　042
阳光总在风雨后　　　　　　　　　　　045
看淡生活中的不公　　　　　　　　　　048

Part 4　心静如水，你的焦虑毫无意义

摒弃盲目的偏执　　　　　　　　　　　052
战胜消沉，让自己变得积极起来　　　　057
直面挑战，静心不是逃避　　　　　　　064
战胜怯懦，让自己强大起来　　　　　　073
走出抱怨的阴影，生活即将放晴　　　　080

Part 5　爱与感恩，让心灵宁静祥和

感恩让心灵的花园永不荒芜　　092
拥有一颗感恩的心　　095
让人间成为有爱的天堂　　098
感谢那些折磨你的人　　101
懂得包容是智慧的体现　　104
人生需要给予　　106

Part 6　静心前行，用理智控制情绪

远离负面情绪　　110
快乐也要适度　　113
得意不要忘形，失意不要怨恨　　116
学会平静地化解矛盾　　119

Part 7　沉住气，心越静越清醒

耐得住寂寞，经得起考验　　　　　　　　124
心无旁骛，一次只抓一只兔子　　　　　　128
只做表面工作，有百害而无一利　　　　　132
工作不仅要"身入"，更要"心入"　　　　135
坚守信仰，找回失落的"工作情怀"　　　138

Part 8　心静了，幸福就来了

谁是谁非不重要　　　　　　　　　　　　142
做一个善解人意的人　　　　　　　　　　144
抱怨抓不紧，不如给对方自由　　　　　　147
爱需要我们彼此扶持　　　　　　　　　　150

Part 1

不是世界太喧嚣，而是你的心不静

人生如水，学会沉淀

一口井，经历了暴雨的洗礼，井水依然清澈，原因在于它懂得沉淀。沉淀是一种人生智慧，沉淀能让浮躁的心变得宁静，而宁静又能让生活变得更悠然。因此我们要学会沉淀自己的生活，让清者上扬、浊者沉淀。

一个书生，做事急功近利，时常为了一件事情忙得心力交瘁，结果却总是距成功差一步。为此，他感到很痛苦，于是找到镇上的智者诉说自己的痛苦。智者听了书生的叙述后，把他带到了一间破旧的小屋里，屋子里的桌子上放着一杯水。智者微笑着对书生说："你看看这杯水，在这里放了这么久了，每天几乎都有灰尘落进水里，但是水依然澄明，你知道是什么原因吗？"

书生仔细观察了一会儿，说："因为灰尘都沉下去了。"

智者满意地点点头，说："年轻人，人生就如同这杯水，懂得沉淀，才能让水变得澄澈。内心不够平静，就如杯子不停地晃动，水自然会变得浑浊，人生自然会变得痛苦。当你因为一件事情忙碌却没有结果的时候，记住让自己沉淀下来，反省自己，找找自己失败的原因。切记不要因此而变得浮躁。要知道，人在浮躁的时候，思考能力只有平静时的一半。人生，如同这杯水，要平静地接纳一些事情，不浮躁，才能保持澄明。"

生活中，有的人内心浮躁，有的人内心宁静。那些内心浮躁的人，总是很难获得自己想要的生活，无法成就自己的人生。而那些内心宁静的人，无论在怎样的境遇中，都能冷静地看待周围的事物，淡然地面对人生的起伏。他们的人生虽然未必一帆风顺，却总是悠然自得，其实不是世界本身宁静，而是他们的内心始终没有浮躁。他们总能在浮华的生活中沉淀自己，无论落入多少灰尘，都把它们沉入心底，让生活之水保持清澈。

众所周知，世界著名的英国生物学家达尔文是进化论的奠基人。年轻时的达尔文，是个游手好闲的纨绔子弟。1831年，他从英国剑桥大学毕业后，他的父亲觉得对于一个游手好闲的人而言，牧师是最适合的职业，既有丰厚的待遇，也有很高的地位，最重要的是有许多可以自己支配的时间。

父亲安排的牧师职业确实有着很大的吸引力，但是，在大学期间，达尔文对博物学非常感兴趣，因而希望继续从事博物研究。经过一番思考之后，达尔文放弃了牧师职业，自费进行了艰苦漫长的环球考察。无论面对怎样的困境，他始终坚持着自己的理想，不放弃，不浮躁，保持宁静。在漫长的科考过程中，他不受外界的影响，把一切困难、烦恼都沉淀下来，始终专注于自己的事业。每到一处，他不辞劳苦，采集动植物的标本，记载新物种。

经过五年的环球考察，他积累了丰富的资料。此后又经过多年的潜心研究，终于在1859年出版了科学巨著《物种起源》，在当时的生物界引起了极大的轰动。

达尔文最终为生物学做出了巨大贡献，这一切都源于他的不浮躁。无论是别人的劝说还是外界的诱惑，都无法搅乱他的内心，因此他最终成了世界著名的生物学家。

生活中，成功总是属于那些懂得沉淀的人。我们的一生要面临无数的诱惑和挫折，如若能够沉淀内心的浮躁，始终坚持自己的人生路，那么成功必然会如期而至，生活也将因此变得轻松。

不懂得沉淀的人，内心难以获得真正的宁静，也得不到真正的快乐。他们被各种事物诱惑，不停地追逐不同的目标，结果却事事差一步，烦恼和痛苦也由此而生。这些烦恼和痛苦又会加深浮躁的情绪，如此循环往复，人生必然疲惫不堪。

其实，真正让我们疲惫的不是生活，而是我们的内心。当我们感觉到内心的喧嚣时，不如让自己沉淀下来，就像河里的水，无法载动鹅卵石，就让它们沉淀在河底，自己依然潇洒地向前流去。人生也应该如水，学会沉淀，才会澄明清澈；放下一些东西，才能潇洒向前。

用简单缔造宁静的内心世界

生活本来就很简单,但是很多人却觉得世事艰难复杂,其实不是世界复杂,真正的复杂源于一个人的内心。思想复杂的人,看待这个世界也是复杂的,而内心简单的人,会把世界也看得简单。

内心复杂的人,遇事容易浮躁,因而在生活中找不到真正的乐趣;而内心简单的人,淡定从容,把复杂的事情简单化,快乐也就会伴随着他们。因此,要想获得内心的平静和快乐,平定内心浮躁的情绪,就得从现在开始做一个简单的人,永远保持一份纯真、淳朴。

"简单",其实是做人的一种境界。

正如冰心所言:"如果你简单,那么这个世界也就简单。"

有一个渔夫,他总是每天只打一桶鱼,这桶鱼正好够他维持一天的生活。

打完鱼他就上岸,找一个最舒服的地方晒太阳,一边望着蓝天白云，一边怡然自得地抽着烟，渔夫的生活简单而快乐。

这天，他遇到一位过路的客商。商人对他说："你每天为何不多打一些鱼，挣足够多的钱和我一起去做买卖？"

"然后呢？"渔夫反问道。

"然后，你就能挣更多的钱，等你老的时候，就能天天像现在这样晒太阳了。"

渔夫听了商人的话觉得很有道理，开始拼命工作，一段时间后，渔夫挣了很大一笔钱，然后就跟着商人做起了买卖。开始的时候，渔夫觉得很满足，可是不久之后，他发现这并不是自己想要的生活。赚到了钱还想再赚更多，这种功利的思想常常破坏了内心的平静。他无法让自己安定下来，好好享受生活。这种生活让他觉得很累，于是他又回到了原来的生活轨道上。

商人很不解地问："你为什么要回去呢？"

渔夫说："在商场上我确实能赚很多钱，但是一旦进入商场，我的内心就失去了平静，我无法用心感受生活的美好，这种生活让我觉得很疲惫。回到这里以后，虽然我没有很多钱，但是我的内心不会喧嚣，我可以静下心来享受阳光，这种简单的生活才是我想要的。"

渔夫曾经的生活很简单，他的内心不受物质的影响，因而喧哗不生，他可以平静地享受生命的美好。但是进入了商场后，他的生活复杂化了，他的内心也因此失去了原有的平静，无法享受生活。所以他最终选择回到原来的生活轨道上，虽然没有很多的金钱，但是却能够让自己过得怡然自得。

简单，是平息无休无止的喧嚣，回归内在宁静的有效途径。这个世界上有很多事情，如果能够用简单的心态去面对，那么内心就不会有浮躁的情绪，简单能还我们一个宁静的内心世界。

周国平有一句话说："在五光十色的现代生活中，让我们记住一个古老的真理：活得简单才能活得自由。"面对纷繁复杂的社会，只有拥有一颗简单的心，才能获得真正的自由，不受外界事物的束缚，在内心里始终为自己留下一片宁静的天空，才能获得真正的悠然。

人生短暂，不要把我们的生活复杂化，简单一点就好。

简单是一种平淡，而这种平淡远离了一切喧嚣，回归了内心的平静，生活也因此变得自由轻松。

简单，我们才能潇洒地行走于人世间。相反，如果把简单的日子过得很复杂，不仅会使自己感到很沮丧，还会使自己感到很疲惫。

简单的生活有利于清除物欲与生命本质之间的樊篱。学会以最简单的方式生活，不要让复杂的思想破坏生活的甜美，更不要使自己的生活被自己的复杂思维所累，做一个"简单"的人。

用宁静来引导生活

面对名利之风渐盛的社会,要尽量做到在简单和朴素中体验心灵的丰盈和充实,并保持从容淡定的心态,以远离浮躁,进而让生活悠然。

大千世界,世事变化的速度越来越快,人们工作生活的节奏也变得越来越快。升职要快,不快就老了;成名要快,不快就过期了……在这种快节奏的生活中,浮躁似乎成为一种必然的趋势,而从容淡定已经成为一种奢望,一种难以达到的境界。在现代都市竞争的人性丛林中,能够从容淡定是一种福气。

从容为何变得艰难?这是因为一个人过于看重外在的荣辱得失,内心因此变得浮躁,缺乏一颗包容淡定之心。不要把同事的倾轧、业绩的失败、人际的纠纷、老板的冷遇等这些事情看成是天大的事情,因为这些在人生旅途中,实在微不足道。即使像被降职、被解雇这样的重创,如果你在心理上早有准备,在财富上早有准备,那么当这些挫折降临在你身上的时候,你都能从容应对,甚至可以淡定地把这些挫折和失败，当成是人生的转折、转机或者转型，而不会因此变得浮躁。

在现代社会中，竞争无处不在。真正看破红尘的人毕竟很少，功利和名誉对于任何一个平常人来说，或多或少都具有一定诱惑。但是一个真正聪明的人，在名利问题上能够拿得起放得下，一边享受着名利，一边又不为名利所困扰和羁绊，否则，人就成了名利的囚徒，悠然的人生还从何谈起呢？庄子曾在《逍遥游》中讲了这样一则寓言：

> 尧把天下让给许由，说："日月都出来了，而烛火还不熄灭，偏要同日月比光辉，不是很难吗？先生在位，天下便可安定，而我现在却占着这个位置，觉得非常羞愧，请容我将天下让给你。"许由却说："你已经将天下治理得很安定了。而我如果代替你，为图名或是求高位吗？小鸟在森林里筑巢，所需不过一枝；鼹鼠到河里饮水，所需不过满腹。我要天下做什么呢？你请回吧。"

许由不接受王位，隐居山林之中，不为名利所累，称得上是贤人。这份从容，这份淡定，值得人们去钦敬。

利欲之心人皆有之，这很正常。问题在于你能不能进行自控，不把一切看得太重，用一种"得之我幸，失之我命"的从容态度对待名利，就不会被它牵绊，不会因它扰乱内心的宁静。正如古人云：求名之心过盛必作伪，利欲之心过剩则偏执。

两千多年前，老子清醒地认识到人类贪婪自私的弱点，他通过对名誉、财富及得失等问题的追问和思考，得出一个结论：过分的贪婪必定会付出沉重的代价，过多的拥有必定导致更多的失去。他说："夫唯不争，故天下莫能与之争。"这句话就是说，一个人内心宁静，无所欲求，所以总是能够立于不败之地。很可惜，两千多年来，能够参悟和运用这一智慧的人可谓凤毛麟角。

在名和利的面前，人们常常无法让自己保持宁静的心态，心生浮躁，甚至为之心力交瘁，生活的压抑也就来源于此。在名与利、得与失上，每个人都应该时刻保持清醒的头脑，让自己拥有一颗从容淡定的心，只有这样，才可以"知足不辱，知止不殆"，才能还自己一个轻松自由的生活。

如果能做到保持从容淡定，就意味着你是一个冷静的现实主义者，不对世界、社会和他人抱不切实际的期望。公正永远是相对的，永远没有完美的现实，有的只是庸碌凡俗的世人，以及随时可能会裂变霉变的脆弱人性……当你能冷静地看待这些，以后如果再遇到不公正、误解和委屈时，就不会伤心，也不会怨天尤人，更不会自暴自弃，而会咬紧牙关，苦练内功，去等待和寻找胜出的机会。

漫漫红尘中，或许有着太多的诱惑、漠然、隔膜及苍凉，一个人需要以清醒的心智和从容的步履走过岁月，不要让自己成为物质生活的奴隶，更不要受太多事物的诱惑，你需要用平静的心态去努力地工作，即使不是很成功，这样的生活也同样是幸福的。

所以，在现代社会中，让自己的人生保持一份淡泊，用宁静来引导生活，无论面对什么事情，都不浮躁，这样，悠然的生活才会始终与你相伴。

顺其自然，超然人生

世上万事万物都有始有终，生是我们的开始，死是我们的结束。发落齿疏，生老病死，鸟吟花开，这些都是生命进程中的自然规律，是必然要发生的，而且是不以人的意志为转移的。

达尔文的进化论中有一个重要论断，叫"适者生存"。"适者"是适什么呢？无疑是大自然。适应自然的，就能够在自然条件下生存下来；相反，不适应自然的，就会遭到淘汰。

所以，无论发生了什么，无论做任何事情，都要合乎自然，顺其原本，这样才不会碰壁，才能一顺百顺。

大至安邦，小至做文章，方方面面，林林总总，皆是一个理：顺之者昌，逆之者亡；优胜劣汰，适者生存。有时只要顺其自然，便可一顺百顺，一通皆通，曲径亦可通幽处，这就是所谓看似糊涂无为的"智慧人生"的处世哲学。

顺其原本，超然人生，并非自恃清高，不食人间烟火。

饮食男女，七情六欲，是人的自然属性，生物本能。要真正达到佛家的"四大皆空""六根清净"，那是要付出毕生代价的，即使按照清规戒律苦苦修行，还未必能成正果。欲望不可强禁，强禁的结果只能使人性扭曲、变态、变形。这里所谓"顺其原本"，就是顺乎人性、人道。

这就好像我们找对象，找有钱的吗？找个子高的吗？找苗条的吗？找有学问的吗？

有人说，找妻子要找温柔型的，唯夫首是瞻，可是，这样的女人纵然温顺，但往往不会挣钱；有人说，找妻子就要找个有本事的，可是这样的人往往重业不重家。

永远会有条件更好的人出现，但他（她）不见得就适合你，所以要全面衡量，挑一个最适合你的人，而不一定是最优秀的那个人。

又比如，两个很恩爱的男女，却因为双方父母的关系，不能成为夫妻；比如，一方很爱对方，对方却爱着别人；比如，在咖啡厅偶然碰到一个心仪的人，却匆匆地没有留下一个电话。

这些都是错过的美丽风景，这也就是命运，这就是自然之道。

也许有人会很伤心，其实，大可不必。因为命运其实就是自然，是人的境遇而已。错过花，或许能收获雨；放下错过的伤痛，或许收获的是更多的快乐。

人生是需要随时面临选择与放弃的，不放下过去的伤痛，就永远无法尝试新的快乐；不埋葬旧的记忆，就无法面对新的开始。你有所选择,同时,你就有所失去,大自然的法则就是如此。

所以,人们不要去强求不属于自己的东西,要学会顺其自然。违背规律去办事或者生活,就会步步艰难。而学会顺应规律,就会得心应手,一路坦途。

心静才能体会自然的真味

水平静了不仅可以照人影，也可以做木匠"定平"的水平仪。俗话说"心平似镜"，人的心境如果平静了，就能鉴照天地的精微，甚至还可以明察万物的奥妙。

东坡居士游览庐山时与兴龙寺住持常聪和尚言谈甚为投机，夜深了还在烛前论"无情说法"，即山水等无情之物也会说法。黎明之际，苏轼豁然觉悟，呈上一诗偈："溪声尽是广长舌，山色无非清净身；夜来八万四千偈，他日如何举似人？"意思是，谷溪之声便是佛尊绝妙的说法，水光山色即是佛的清净真身。今夜无数偈文的真义，今后我怎样才能告诉他人呢？道元也说过："山色谷响悉皆释尊的声姿。"雪堂寺的行脚和尚看过东坡的诗偈后，认为"尽是""无非""夜来""他日"八字多余，宜删削之。白隐禅师的师父正受老人更有过之："广长舌、清净身都是多笔，仅溪声、山色就可以了。"白隐有一首著名的歌偈"坐林中古寺,听拂晓雪声",其旨意皆与东坡居士同。

赏花以含苞待放时为最美,喝酒以喝到略带醉意为适宜。这种花半开和酒半醉含有极高妙的境界。反之,花已盛开而酒已烂醉,那不但大煞风景而且也活受罪。所以事业达到巅峰的人,最好能深思一下这两句话的真义。

为人处世切忌过之,天道忌盈,人事惧满,月盈则亏,花开则谢,这些都是天理循环的规律,也是处世的盈亏之道。《列子·仲尼》中有段精辟的比喻,列子说:"眼睛将要失明的人,先看到极远极微小的细毛;耳朵将要聋的人,先听到极细弱的蚊子飞鸣声;口将要失掉味觉的人,先能辨别雨水滋味的差别;鼻子将要失掉嗅觉的人,先嗅到极微小的气味;身体将要僵硬的人,先急于奔跑;心将糊涂的人,先明辨是非。所以事物不到极点,不会回到它的反面。"

春天一到,百花盛开,百鸟齐鸣,为山谷平添了无限迷人景色,然而这种鸟语花香的艳丽风光,只不过是大自然的一种幻象。秋天一到,泉水干涸,树叶凋落,山涧中的石头呈现干枯状态,然而这种山川的一片荒凉,才正好能看见天地的本来面貌。

大自然的"风花""雪月"亦可给人恬静的心境,恬静的心境又可增进自己的智慧,智慧增进以后不外用,又用自己的智慧来促进自己心境的恬静。智慧与恬静交相涵养促进,和顺之气便从本性中流露出来。真正的智者从来不叽叽喳喳地表现自己,让自己智慧的锋芒外露。那些没有智慧的人成天闹哄哄的，大叫大嚷地表现自己，生怕一静下来这个世界就把他忘了。

满罐子水不动荡，默默无声；半罐子水荡到半空中，扑通扑通地响个不停。智慧老人像风平浪静时的大海，沉静而又渊博；浅薄之徒像快要干涸的小溪，走到哪里都喧哗不停。

只有虚才能包含万物，灌水进去不见满，取水出来不见干，而且不知水源在何处，这样才算得上永葆生命之光；只有静才能获得真理，"万物静观皆自得"，这恰如一泓清澈的湖水，只有平静时，才能映出周围群山的倒影。如果水波涌动奔腾，那就只能听到自己的响声，而映不出天上的星月和地上的山峰。同样，只有静才能涵养自己的心智，浮躁不安只能使自己变得荒疏浅陋。只有以闲情、以心静才可以耐得住寂寞，才能体会到自然的真趣。

Part 2

不着急，慢慢来，一切都来得及

别让自己活得太累

"生活真是太累了!"常听一些人喊出这样的话。其实,生活本身并不累,它只是按照自然规律,按照它本身的规律在运转。说生活太累的人是他本人活得太累了。

在生活中,面对各种各样不合自己心意的事,与各种各样和自己性格不相符的人相处,你会采取什么样的态度呢?是坦然、磊落、轻松地对待,还是谨小慎微,抬头怕顶破天,走路怕踩到蚂蚁呢?值得告诉大家的是,不要让自己长期生活在紧张、压抑之中,不要让自己的琴弦绷得太紧,也就是别活得那么累。必要的时候,放松一下自己,轻松地活着。

生活毕竟是公平的,对谁都一样,没有绝对的幸运儿,更没有彻底的倒霉鬼,你有这样的不幸,他也有那样的烦心事;别人有那样的好机会,你也会有这样的好运气。所以,千万别把自己说得那么悲惨,更不要把自己缠绕在自己织的网中,挣扎不出来。

感觉生活太累的人一般都是一些胆小怕事者。每说一句话都要考虑别人会怎么看待自己，会不会因为这一句话而伤害某人；每做一件事都要瞻前顾后，生怕因为自己的举动会带来不好的影响。工作中，对领导、同事小心翼翼，生活中，对朋友、邻居万分小心，那真是连个臭虫都不敢打死的"谨慎"之人。其实，你的周围有那么多人，而每个人的脾气都不一样，你不可能做到使每个人都满意。即使你样样谨小慎微，还是有人对你有成见。所以只要不违背常情，不失自己的良心，那么挺起胸膛来做人做事，效果恐怕要好得多。

　　感觉活得太累的人往往不能很好地调整自己，每遇不幸之事发生时，不能辩证、乐观地去看待，而且容易对生活产生悲观想法，似乎世界末日就要来临了。长此以往，总是生活在心情沉重、感情压抑之中，那将是非常可怕可悲的事。处处都要考虑得失，时时都要注意不必要的小节，你还有更多的时间去干大事，去成就你的大事业吗？回答当然是否定的。因为你连很小的一件事都要左思右虑，时间就在你的犹豫中溜走了。也许，当你老了的时候，你回过头来会发现自己是那么渺小，两手空空，一事无成。

　　时刻感觉生活太累的人，必然看不到生活中光明的一面，更感觉不到生活的乐趣。因为他的眼睛统统用来盯住自己周围狭小的一点空间，而无暇顾及其他。而且，他的生活是非常被动的，因为他不愿主动去做什么，生怕天上飞鸟的羽毛砸了自己。这样的生活不会是幸福的，更没有快乐可言。

　　活得累的人就像身上穿着一件厚重的铠甲：既不能活动自如，又不能脱去它，因为它太沉了，压在身上重如千斤。

活得累的人就像永远戴着一副面具，这副面具在人前谨小慎微，在人后愁眉苦脸。真是太累了，让人喘不过气来。既然活得累是件很痛苦的事，既然生命对我们来说又是那么宝贵、那么短暂，我们何不换一种活法，活得轻松、幽默一点，努力去感受生活中的阳光，把阴影抛在后头。

　　林肯的书桌角上总有一本诙谐的书籍放在那里，每当他抑郁烦闷的时候，便翻开来读几页，不但可以解除烦闷，而且还能使疲倦消除。乐观地对待生活，将使你充满自信。美国富翁柯克在51岁那年把财产全部用完了，他只得又去经营、去赚钱。没多久，他果然又赚了许多钱。他的朋友因此很奇怪，问他道："你的运气为什么总是这样好呢？"柯克回答说："这不是我的幸运，乃是我的秘诀。"朋友急切地说："你的秘诀可以说出来让大家听听吗？"柯克笑了："当然可以，其实也是人人可以做到的事情：我是一个快乐主义者，无论对于什么事情，我从来不抱悲观态度。就是人们对我讥笑、恼怒，我也从不改变我的主意。并且，我还努力让别人快乐。我相信，一个人如果常向着光明和快乐的一面看，一定可以获得成功的。"

　　是的，乐观、豁达可以使人信心百倍，即使是天大的困难，也能够克服。

　　笑对人生，万事都能泰然处之。这样，你就活得轻松多了。

放松紧绷的心弦，不做"神经质"

现代社会总有这样一些人，他们总会出现这样一种情绪：神经质。遇到一点问题就会变得激动难耐、焦躁不安，仿佛天要塌下来一般。这样的人，有时也会对自己的这种情绪感到厌烦，可是无论怎样也无法控制自己的心理波动。

治病需治本，要想改变自己的这种状态，我们首先就得明白，自己为何显得有些"神经质"。其实，造成这种情况的原因就是——心态过于紧张。找到了病根，我们才能着手进行改变。

也许有的人会认为，自己的这种表现，正说明了自己对待生活的认真。然而当你看完下面这个故事后，也许你就不会这么认为了。

诺尔格兰是一位心理学家，常年在波兰工作。有一年，他想做一个心理研究——死亡实验，顾名思义，就是与死亡有关的实验。不过因为生命对于每个人来说都是弥足珍贵的，因此他一直找不到合适的实验人。

1981年，诺尔格兰的机会来了。那一年，波兰有一个名叫费多洛夫的死刑犯，诺尔格兰觉得这是一个做实验的机会，于是就给法院和政府当局写了申请，请求获准在这个犯人身上做实验，并且写信给费多洛夫，希望他能够答应自己进行这个实验。

后来，费多洛夫同意了诺尔格兰的请求，相关部门也予以批准。

诺尔格兰激动万分，正式开始实验。这个实验是想搜集心理方面的数据，看心理对人的影响。为了做这方面的研究，诺尔格兰已经做了很多准备，而且做了很多假设，就等着实验来验证他的这些假设了。

实验开始前，诺尔格兰将费多洛夫绑在椅子上，并且用布蒙住了他的眼睛。诺尔格兰这么做，是为了让黑暗使费多洛夫的感觉更加强烈和敏感。诺尔格兰在费多洛夫的手臂上用刀划了一下，告诉费多洛夫他的动脉被划破了，并且用滴水的声音模仿滴血的声音，然后告诉费多洛夫他的血在慢慢滴下来。

听到自己流血的声音，费多洛夫非常紧张，感到自己快死了。3分钟后，诺尔格兰让助手把滴水的声音减缓，让犯人费多洛夫觉得自己的血已经快要流尽了。

一下子，费多洛夫感到死神就在面前，心理压力骤然增大。没过多久，他的呼吸开始慢慢减弱，心跳也慢慢地变缓了。最后，费多洛夫的心脏停止了跳动。

经过法医鉴定，犯人费多洛夫已经死亡。

然而事实上，诺尔格兰并没有割断费多洛夫的动脉。在费多洛夫的手臂上其实只有一个小口子，他的血也没有流掉多少，根本达不到那种让他死亡的程度。他其实是死于心情紧张。

看到这个实验，我们可以明白上面的那种"神经质"是多么愚蠢。紧张的心态，只会让我们的情绪更糟，反而会造成更大的麻烦。所以，无论对于什么事情，我们都应该放松心情，这样才能让内心平静，从而找出解决问题的方法。

也许我们的生活充满很多变数，总会出其不意地遭遇意外，但是我们不能因此让自己的心一直紧绷着，而是应当放松心态，平和自己的情绪。不好的心态，不仅会让人的身体变差，严重的甚至会像费多洛夫一样把自己逼死。人们在生活中应该时刻保持轻松的心态，这样才能得到一个健康、快乐的身心。

学会放松,人生才能轻松

没有人不渴望获得好心情,但好心情不会像自然界四季的交替一样,自然到来。 要想有好心情,我们必须先学会放松,人一放松,好心情就会不期而至。

放松能带给你安详快乐的心境。 如果你发现自己耳边充斥着各种让人烦躁的噪声,整日忍受着繁忙工作、家庭琐事的无穷折磨,每天的神经都绷得紧紧的,得不到一丝喘息的机会,那你就该好好计划一下,找点时间,让自己彻底放松一下。

劳伦斯住在加州的一个小镇上,是一家商店的老板,他把自己如何获得好心情的过程讲了出来:

"太太抱怨我,说我的脸每天都绷得紧紧的,像一面没有生气的鼓;孩子更说我像僵尸,上学前不愿亲吻我……但是有一天,当我又绷紧神经,心里想着如何让商店的生意好起来时,我在街道上看到一个镜头,顿时使我的烦恼烟消云散，全身立即放松，心情豁然开朗起来。这件事虽然前后只有10秒钟左右，它却使我学会了'如何愉快生活'的问题——比过去十年学的收获都多。当时我正走着，突然看到对面有一个两条腿俱残的男人朝这边走来，他坐在装有滑轮的小木台上，两手握着小木棍，抵住地面而滚动前进。

"这一行为引起了我的兴趣，当我仔细打量他时，他已穿过街道，为了走上人行道而将自己的身体抬高两三英寸，在使木台呈斜面的那一瞬间，发现了我，他露出微笑，用愉快的语调对我招呼道：'早安！今天天气不错吧！'

"这当儿，我才发觉自己是幸运的，我有两只脚，我能走路，我有什么理由自怨自艾呢？一个双足俱残的人都不会丧失快乐、开朗和信心，我是肢体健全的人，为何不能做到这样呢？

"一想到这里我的心情立即放松了下来。回到商店后，我以愉快的心情与每位顾客打招呼；回到家里，当太太看到我边哼小曲边把大衣挂在衣柜里时，她主动上前拥抱了我；哦，还有我的宝贝女儿珍妮，也给了我一个甜甜的吻。现在，我感觉到放松心情的好处了。"

所以，当你烦恼的时候，不妨学会放松自己的心情，紧张的能量被放掉之后，身心才会得到完全的休憩。

在现实生活中，很多人总是把自己弄得很紧张，把心灵禁锢在工作、家务中，从不曾给它一点自由，这是一种错误的生活方式，因为当一个人总是处在紧张状态中时，他的生活就会因压力太大而失去乐趣。

第二次世界大战时，有一次，丘吉尔到北非蒙哥马利行辕去闲谈。

"我不喝酒，不抽烟，到晚上 10 点钟准时睡觉，所以我现在还是百分之百的健康。"蒙哥马利说。

"我刚巧跟你相反，既抽烟又喝酒，而且从不准时睡觉，但我现在却是百分之二百的健康。"丘吉尔说。

很多人都引为怪事，以丘吉尔这样一位工作繁忙、紧张的政治家，生活这么没有规律，身体怎能还如此健康呢？

其实只要稍加留意就可知道，他健康的关键全在有恒的锻炼、轻松的心情。其既抽烟，又喝酒，且不准时睡觉则不足为虑，你没见他在战事最紧张的周末还去游泳吗？没见他在选举战白热化的时候还去垂钓吗？没见他刚一下台就去画画吗？没见他那微皱起的嘴边上斜插着一支雪茄的轻松心情吗？

使心情轻松的第一个方法是："拿得起，放得下。"对任何事都不可一天 24 小时地念念不忘，寝于斯，食于斯，否则，不仅于身有害，而且于事无补。

使心情轻松的第二个方法是：不做不胜任的事。假如你身兼八职，顾此失彼；或用非所长，心余力绌，心情又怎能轻松呢？

使心情轻松的第三个方法是："谋定后动。"做任何事情，要先有个周密的安排，安排既定，然后按部就班地去做，就能应付自如，不会既忙且乱了。在这个瞬息万变的社会里，当然免不了也会出现偶发事件，此时更要沉住气，详细地安排。事事都要谋定而后动,就会胸有成竹,胜算在握。

使心情轻松的第四个方法是:在轻松的心情下工作。工作尽可紧张,但心情必须轻松。在你肩负重担的时候,千万记住要哼几句轻松的歌曲。在你写文章写累了的时候,不妨高歌一曲。要知道心情越紧张,工作越做不好。

使心情轻松的第五个方法是:多留出一些富余的时间。好多使我们心情紧张的事都是因为时间短促,怕耽误事。若每一样事都多留出一点时间来,就会不慌不忙、从容不迫了。最好的办法就是把自用表适当拨快一些,时时刻刻用表面上的时间警惕自己,如此则既不误事,又可轻松。

使心情轻松的第六个方法是:"知止。""知止"于是而心定,定而后能静,静而后能安,静而且安,心情还有什么不轻松的呢?

在这个世界上,没有一个发条永远上得十足的表会走得长久;没有一个马力经常加到极限的车会用得长久;没见过一个绷得过紧的琴弦不易断;也没见过一个心情日夜紧张的人不易病。所以,善用表的人永不把发条上得过足;善驾车的人永不把车开得过快;善操琴的人永不把琴弦绷得过紧;善养生的人永不使心情日夜紧张。

很多医学家都告诉我们,在轻松的心情下吃东西容易消化;在紧张的心情下吃东西容易得胃病,一个心情经常轻松的人倒头就能睡着,一个心情经常紧张的人容易失眠;一个永远从容不迫的人准能长寿,一个紧锁眉头经常紧张的人定会早亡。

记住:学会放松,人生才会轻松!

多和不如自己的人比

　　人世间，有的人家财万贯、锦衣玉食；有的人仓无余粮、柜无盈币；有的人权倾一时、呼风唤雨；有的人抬轿推车、谨言慎行；有的人豪宅、香车、娇妻美妾；有的人丑妻、薄地、破棉衣……一样的生命不一样的生活，常让我们心中生出许多感慨。

　　看到人家结婚，车如龙、花似海，浩浩荡荡，又体面、又气派；想想当年自己，几斤水果几斤糖，糊里糊涂就和自己的男人圆了房，心里就屈。

　　看到人家暮有进步、朝有提拔，今日酒吧、明日茶楼；而自己却总在原地，猫在家里，像只冬眠的熊，心里就酸。

　　看到人家逢年过节，送礼者踏破门槛、挤裂墙；而自家却是"西线无战事""顿河静悄悄"，心里就妒。

　　看到人家儿成龙、女成凤；而自家小子又偬又犟没出息，心里就怨……

　　一个人有思维，必定有思想。看到人家好、人家强，凡夫俗子，哪个不心动？就算是道人法师，也要念三声"阿弥陀佛",才能镇住自己的欲望和邪念。生活的差别无处不在,而攀比之心又难以克服,这往往给人生的快乐打了不少折扣。但是,假如我们能换一种思维模式,别专拣自己的弱项、劣势去和人家的强项、优势比,比得自己一无是处。要把眼光放低一点,学会俯视,多往下比一比,生活想必会多一分快乐、多一分满足。正如一首诗中所写:"他人骑大马,我独跨驴子,回顾担柴汉,心头轻些儿。"再说骑大马的感觉也并不一定就是你想象得那么好,也许跨着驴子,优哉游哉,尚能领略一路风光,更感悠闲、自在。

理性地分析生活,我们会发现,其实,生活对每一个人都是公平、公正的,没有偏袒。人生是一个由起点到终点,短暂而漫长的过程,在这个过程中每个人所拥有和承受的喜怒哀乐、爱恨情仇都是一样的、相等的。这既是自然赋予生命的规律,也是生活赋予人生的规律,只不过我们享用、消受的方式不同,这不同的方式,便演绎出不同的人生。于是,有的人先苦后甜;有的人先甜后苦;有的人大喜大悲,有起有落;有的人安顺平和无惊无险;有的人家庭不和,但官运亨通;有的人夫妻恩爱,却事业受挫;有的人财路兴旺,但人气不盛;有的人俊美娇艳,却才疏德亏;有的人智慧超群,可相貌不恭,正如古人说"佳人而美姿容,才子而工著作,断不能永年者"。人间没有永远的赢家,也没有永远的输家,这一如自然界中,常青之树无花、艳丽之花无果。雪输梅香,梅输雪白。

有一妇人,年轻的时候,心灵貌美,贤惠能干,可嫁人十年,就"克死"了三个丈夫,当年一双水灵灵的眼睛硬是被泪水泡得浑浊痴呆。当她的第三个丈夫撒手而去的时候,她誓不再嫁!她拉扯着三个丈夫留下的儿女守寡至今,现在已经60多岁了。几十年来村子里的人压根儿就没见她笑过,大家同情她、可怜她,说她命真苦。可就是这么个命苦的人,养的一儿一女却意外地争气,双双考取了名牌大学,并都在京城成家立业。两兄妹亲自开着轿车回来,把母亲接到北京。那会儿,老人僵硬的苦脸终于露出了欣慰的笑颜,乡亲们也第一次向老人投去羡慕的眼光,大家都感慨地说,真是苦到了尽头。是啊,也许这就是生活,有苦有甜,有悲有喜,有山穷水尽之时,也有峰回路转之日。

有些人羡慕那些明星、名人,日日淹没在鲜花和掌声中,名利双收,以为世间苦痛都与他们无缘。其实名导谢晋的儿子精神发育迟缓,患有智能障碍;美国前总统里根曾几度风光,晚年却备受不孝逆子的敲诈、虐待;戴安娜如果没有魂断天涯,几人知道她与查尔斯王子那场"经典爱情"竟是那般糟糕……

俗话说,人生失意无南北,确实,宫殿里有悲哭,茅屋里有笑声。只是,平时生活中无论是别人展示的,还是我们关注的,总是风光的一面、得意的一面,这就像女人的脸,出门的时候个个都描眉画眼、涂脂抹粉、光艳亮丽,这全都是给别人看的。回到家后,一个个都素面朝天,这就难怪男人们感叹:老婆还是别人的好。于是,站在城里,向往城外,而一旦走出围城,才发现生活其实都是一样的。

每天给自己一个美好的期盼

没有希望的人，就像没有舵手的船，这艘船只会在大海中漂泊，但不会到达彼岸。人活着，除了需要阳光、空气、水和食物外，还需要心存美好的期盼。美好的期盼是催促人向前的动力，也是生命存在的最主要的激励因素。

据说在鲁西南深处有个小村子，出了不少大学生，四邻八县的人都把这个村子称作"大学村"。这个村子广出人才，原因何在？记者去采访，可是村子里谁也说不清楚。要说知道其中原因的只有一个人，那就是最早在这儿教书的老师。这位老师曾在大学里教过书，后来不知何故被下放到这个村子里来教小娃娃。

村子里的人说，这位老师不但书教得好，还能预测学生的未来。原来，是有的学生回到家里对大人说，老师说我将来能当作家；有的学生对大人说，老师说我将来能当科学家。不久，家长们发现他们的孩子与以前大不一样,个个变得勤奋好学了。10年后,奇迹发生了。这些学生到了参加高考的时候,凡是过去说自己将来能当作家、能当科学家的学生,都以优异的成绩考上了大学。

　　这位教师退休时,又将自己的秘密传授给接他班的老师,接他班的老师又用这个方法来点燃孩子们心中的希望之火。

生命的本身就是由一连串美好的期盼组成的,包括对健康、对学业、对事业、对财富、对婚姻、对交友的希望等。就拿健康来说吧,有的人跑遍了大医院都治不好的病,而通过扭秧歌、吼秦腔不医自愈,这就是希望产生的神奇力量。

　　一位大西北的老乡,5年前医院诊断他患有癌症,据医生说他的生命期限最多只有6个月,他从医院回来,茶不思,饭不想,心里痛苦了好一阵子。后来一想,既然病已经得下了,发愁害怕也没用,还不如想吃就吃,想唱就唱,想扭就扭,痛痛快快地活上6个月。

　　从此,他每天早上去公园扭秧歌,晚上又到渠坝上吼几段秦腔,天天如此,雷打不动。过了半年,他不但活得好好的,还觉得疼痛减轻了许多。3年后又到北京检查,医生诊断他的癌症消失了。

　　这个真实的事例再次证明:生命之火能为神奇的希望而燃烧。人有了美好的期盼,生命就会变得强劲起来,能使病入膏肓的人起死回生。一个人无论得了什么绝症,只要有一口气,就没有丝毫理由绝望。

在美国一家医院里,有位患癌症的大老板,已经病入膏肓。家人为他请来一位很有名气的教授。教授想用心理疗法来给他治疗,便问病人:"先生,你想吃点什么?"病人摇摇头。教授又问:"先生,你喜欢听音乐吗?"病人又摇了摇头。教授接着又问:"那么你对听故事、说笑话,或者是交女朋友有没有兴趣?"病人用一种极其微弱的声音回答道:"没有兴趣。"教授想继续问下去,可家人在一边赶紧说:"教授,没有用,他健康时都没有什么爱好,甭说是现在这个样子了。"

教授听了之后,神情一下子忧郁起来,他叹了口气,转身走出病房。家人追了出来很担心地问:"教授,是不是不好救了?"教授说:"我医治过成千上万的病人,每次我都是全力以赴,但这个病人我是彻底失望了,因为他是一个失去希望的人,对生活没有什么留恋,也不会有信心活下去的,再好的医生也治不好他的病。"不久这位大老板便离开了人世。

这位老板有豪华的别墅,有高级轿车、汽艇,有花不完的美金,他应有尽有,可就是缺少了一样东西——美好的期盼。

人的美好一生,是由一天接一天的希望日子组成的。在日常生活中,有些人常常认为:天天做同样的事,上学——放学;上班——下班。今天是昨天的翻版,今年又是去年的重复,觉得日子过得太平凡、太单调、太没意思。产生这种想法和感觉的原因是缺少美好期盼的缘故。如果每天能给自己一个美好的期盼,你就会觉得每一天都是新的开始,每天的学习、工作就不再是单调乏味的重复,而是量的积累,成功的前奏。人有了希望,就觉得这一天活得很愉快,活得很充实,活得很有意义。日常生活中的小小期待,小小盼望,都孕育着希望。别小瞧这些微不足道的小期盼,只要有意义,都是美好的,都值得去努力、去实现。

Part 3

越是艰难处,越是修心时

成功之路并非坦途

成功之路并非坦途,它有着无数的困难和辛酸、挫折和煎熬。又或者,所有成功者总是在积累了很多的失败之后才成功的。人生的奋斗之路上,有的人会时不时地回头张望,时不时地自怨自艾,把自己遗失在人海里;有的人虽然走得很远,却也未能到达彼岸,其间的失败让他失去了信心,力不从心,不得不偃旗息鼓;还有的人已经历尽沧桑,距离成功只差那么一小步了,最后却倒在了黎明光芒来临的前一刻。

英国著名小说家史密斯说过:"命运对我们的最大眷顾是让我们跌倒,而且我们每次跌倒的时候都能爬起来!"也因为这些困难和挫折,我们才会变得更坚强。

失望、失败和挫折是生命路途中的必修课。每一次挫折,都会让我们对生活有更深的理解;每次的失误,也会让我们更进一步领悟人生;每经历一次磨难,对生命真谛的揣摩便更透彻一层。因此,如果希望成功、幸福,想要生活充实、快乐,必须要参透生命这本真经。成功之途总是一路伴随着坎坷和荆棘。如果你无法击倒它们，就会被它们击倒。任何人的成功都是从失败的废墟中迈出的第一步开始的。任何成功者的身后都有许多次失败的累积。

米切尔是一个作家。刚开始，她给出版社投稿总是屡屡碰壁，她收到的退稿信达到1000多封，当时她甚至为生计发愁不已，可是，米切尔不愿意屈服。她回忆道："那个时候我确实很苦恼，也有过放弃的想法，不过我不断反省：'我的作品为什么被拒绝呢？因为我的作品并不是很好，因此我需要不断升华自己。'"在不断地努力下，《乱世佳人》出版了，这次的成功是建立在一次次的退稿之上的，那些退稿信都成了通往成功殿堂的垫脚石。

哲学家萧伯纳说过："成功的花总是开放在肆意的风吹雨打之后。"也是由于失败，以及失败后的不放弃，《乱世佳人》才会在全球掀起新浪潮。成功不是坦途，虽然会有风雨，但也会有阳光，如果你把失败当作前进的台阶，乐观对待这些，就不会被击倒。失败何尝不是人生路途中的美妙之曲呢？

经历了很多次的实验失败之后，爱迪生安慰他的同事说："这并不是失败，我们已经知道有1000种方法是不可行的，这些都将为我们获得成功做好铺垫。"爱迪生通过10000多次的实验，才发明了电灯。当他发现很多不能用的物质时，他没有气馁，最后终于找到了合适的材料。

有个记者问他:"先生,你经历了10000次失败,你有什么想法吗?"爱迪生说道:"年轻人,你的经历还太少,因此我要告诉你一个对你很有启发的事情。我那10000次并不能全算是失败,不过是找到了10000种不能够使用的方法而已。"

成功者都值得我们认真学习,当遇到挫折时,不是选择放弃,而是继续向前进,他们明白,不应该轻言放弃,要坚持追寻最后的成功机会。

在我们漫长的一生中,我们总会发现自己的缺点,并进而调整自己前进的方向,改变自己的心态,不断奔向最后胜利的终点。把失败视为新的起点和新的机会,把失败踩在脚下,权当下一步的垫脚石,将路过的风景都细细品味过,这种人生多么豁达!因此,正确地看待失败,正确地接受它,就会出现新的转机,最后一定会守得云开见月明。失败其实是一种成长,也是一种经验,如果你换种方式看待,就可以把它当作上天的一种恩赐。

失败和挫折是生活中不可缺少的音符。人们有时候是通过失败和真理进行沟通的,经历失败的人才会从内心去反省自己。成功的拐点一般都是失败和挫折。人生本就不会顺顺当当,失败几乎全程伴随着每一个人的生命旅程。也只有经受住了考验,才能够振翅而飞,飞向成功。

在羞辱的激励下获得成功

羞辱在人生道路上是不可小觑的一种力量，它会给强者以力量，给弱者以打击。

有一个来自贫穷人家的黑人小男孩，他年幼时被人羞辱的记忆不堪回首。一次，老师组织大家为"社区基金"捐款。捐款当天，黑人小男孩紧紧握着捡垃圾赚来的 3 美元，激情澎湃地等待着属于自己的捐款时刻。可是他并没有等到，他不能理解，就去问老师原因。

老师严厉地告诉他："你就是我们这次募捐所要帮助的对象，你的爸爸连你 5 美元的课外活动费都无法负担，你就不要想着救济别人了。哦，对了，你没有父亲……"

男孩委屈极了，他受到的羞辱使他开始坚强起来。从那以后，他尽自己的最大努力学习挣钱。这个人就是狄克·格里戈，现在美国著名的黑人电台节目主持人。由此可知，贫困和侮辱虽然打击人的自信心，可是也可以激发斗志，结果就看你的选择。

那些勇敢的人是值得我们敬佩的，他们用自己的意志和内心的强大征服命运时，也让我们看到了他们强大的力量。

这个世界上，所有人的人生都存在着羞辱，重要的是面对羞辱的态度。有一部分人被羞辱打击后，就放弃自己的梦想；另外一些人却在羞辱的激励下获得了成功，后者才是我们要学习的人。

曹禺在20世纪80年代已经很有名气了。有一次，阿瑟·米勒，美国知名戏剧作家受邀来到北京，曹禺请他到家里吃饭。进午餐的时候，曹禺从书架上突然拿下一个别致的册子，册子里是画家黄永玉给他的一封信，曹禺把它念给在场的人听。那封信的言辞十分犀利："你解放后的戏实在是不讨人喜欢。你已经不能安心写戏剧了，你没有灵感了！你的命题、分析，对节奏的掌握，还有那数不尽的隽语都不见了……"

后来，阿瑟·米勒告诉别人："那封信虽然字数很少，但是激动的情绪却表达得淋漓尽致。可是曹禺好像很看重那封信。我不理解曹禺如此恭敬对待这封信的原因。"

我们十分理解阿瑟·米勒的迷茫，把别人对自己的羞辱装裱到别致的册子里，态度还恭恭敬敬，这些事看起来确实有些奇怪。可是阿瑟·米勒却不了解曹禺的通透和纯粹。

曹禺的傻让我们可以看到曹禺对艺术的追求。那封羞辱信对他来说是一种激励，这也是他当众向羞辱致谢的原因。

　　心胸狭窄的人经不起羞辱，心胸豁达的人会觉得羞辱是一种激励。那么，就让我们勇于接受生命中的羞辱，没有它你就不会有那些用以战胜挫败感的成就。正是因为羞怯，你才磨砺了斗志；正是因为羞辱，你才能完善自我；正是因为羞辱，你才能获得成功……

把苦难当作财富

没有人的生命是一帆风顺的。面对苦难,只有乐观才能帮助人从苦难转向成功。

何鸿燊是澳门的大富豪,可是在他很小的时候家道就中落了。曾经是锦衣玉食,现在的境况截然相反。家中兄长都不在,吃住之事常让母亲十分烦恼,小何鸿燊最害怕的就是老鼠偷米,那样自己就会没有饭吃,没有书读。

夜里无法入睡的时候,过去的场景又浮现出来。他曾以为远走他乡的兄长会把财富带回来,可惜没有。但生活中让人更无法忍受的是见风使舵、趋炎附势的亲戚。

有一次何鸿燊需要补牙。有个过去时常来往的亲戚恰好是牙医。何鸿燊去找他,他的态度十分傲慢。

他告诉亲戚自己想补牙,但是没有钱。这是实情,那个亲戚面露不屑。何鸿燊年纪小不知世故,不明白亲戚怎么态度变了。过去他来这个诊所，亲戚会主动帮他检查牙齿，也告诉他很多这方面的知识，没有一次要过钱。后来，在这次补牙的过程中，那个亲戚在何鸿燊走神的时候说道："家里穷就别补牙，实在疼得厉害就拔光牙齿好了。"

这件事对何鸿燊的打击很大。到家之后，他一边哭一边跟母亲讲这件事，母子两人相拥落泪。何鸿燊此时也明白了家里的真正处境。过了很多年后，他想起那段往事，仍然记忆犹新，感触颇多。

家道的中落，亲戚的冷漠，让母亲伤心欲绝。何鸿燊在心里告诉自己要争气。家里有钱的时候，何鸿燊曾就读于当地十分有名的皇仁书院。他特别淘气，学习成绩特别不好，所在的班级是差生D班。以前成绩差，但是家里有钱，所以没有关系。如今，母亲打工赚的那点钱就是全部家用，他的学费也交得十分吃力。

有一天，母亲将两条路摆在他面前：退学，或者拿到奖学金，不然家里就过不下去了。面对家里的处境，何鸿燊选择了努力读书，争取奖学金。穷人的孩子早当家。他在期末考试中获得了非常优异的成绩。他不但拿到了奖学金，还首创了D班生拿奖学金的纪录。之后，何鸿燊每年都能拿到奖学金。

生活中的美好和痛苦就像大自然中的太阳和月亮，阳光不可能永远照耀我们。著名的法国作家巴尔扎克曾将苦难比喻为帮助天才成功的垫脚石。

因此，丘吉尔在自传中对苦难是否是财富进行了论述。你战胜了苦难，它就是财富；你被苦难战胜了，它就是屈辱。人生中遇到的苦难可以让我们离成功更近。客观看待苦难，勇敢乐观地生活，会在经历苦难后收获一个更加优秀的自己。

人生很漫长，困难和痛苦其实算不了什么。只要够坚定够勇敢，梦想就会实现。因此，不要对生活哭泣，把苦难当作财富，有一天，你会明白生活教你的道理：笑对人生，苦难让人成长！

阳光总在风雨后

人的一生有美好也有痛苦。美好和快乐与痛苦和悲伤一样，都是我们必须要面对的。毫无疑问，我们会选择笑对阳光，但面对黑暗我们该如何选择对待呢？

狄摩西尼是古希腊著名的政治家，他生来唇齿就有缺陷，无法清晰地与别人沟通，为此他苦恼极了。为了改变这一现状，他通过含鹅卵石说话克服自己的缺点。或者在海边，或者在山上，他日复一日地练习诗歌背诵。为此，他经常弄得满嘴是血，连嘴里的石头都被他的血染红了。但这些都没有成为他练习的阻力，终于他可以流利地说话，自由畅快地与人交谈了。

面对苦难的抗争，有时就像拔河。我们心怀很多美好，却不得不因现实存在的各种不利因素与命运抗争。结果无外乎两种：成功或者失败。

珍妮和南希是来自美国和英国的两个姑娘。两人都是美丽动人却有残疾的女孩。珍妮的双腿生来就没有腓骨，她的父母在她一岁的时候将珍妮膝盖以下的部位截去。珍妮在轮椅中度过了很多年，装上假肢后，她离开轮椅，学会了跳舞和滑冰。她活跃于女子学校和残疾人的会议演讲会场，甚至还成为平面模特。

　　南希的情况和珍妮不同。她曾是英国《每日镜报》"梦幻女郎"的冠军。后来，她决定侨居他国。她还在当地内战期间帮助建立了难民营，并用自己做模特的积蓄成立了资助孤儿的希茜基金。悲惨的是，她在1993年惨遭车祸，不但肋骨断裂，还不幸失去了左腿。可是她却依旧将人生过得丰富多彩。康复后，她更加积极地参与到残疾人公益事业当中。

　　后来，机缘巧合下，珍妮和南希相识，两人相见恨晚。两人没有因为肢体的不健全而有一丝遗憾，相反从中收获了更多。如今，她们在假肢的帮助下和常人无异。只有海关检测时的金属报警响，才会让人知道她们和常人有所不同。甚至不露出裙子里的膝盖，别人根本看不出她们有什么不同。她们常被夸赞身材美好。珍妮更直接地表示，自己不会因为失去双腿而失去对美好的渴望。

　　她们好像不记得自己的残疾，她们依旧热爱生活，生活也热爱她们。面对爱情，她们和别的女孩儿没有什么不同，两人都找到了属于自己的白马王子。正是积极乐观的人生态度帮助两位姑娘享受生命。

即使不同的人拥有不同的际遇，上帝对大家也是公平的。你只有昂头向上望向天空，才能看到美丽迷人的繁星。不要总是要求命运，请先扪心自问如何对待生活。

如果因为苦难就耗尽我们的一切生机与活力，人生就会灰暗到底；反之，若我们对生活充满激情，即便我们在人生的谷底，也总有看到阳光的时候。

阳光和风雨是人生路上必然存在的风景，盯着风雨苦痛是不对的，看看耀眼的阳光吧，这样美好的生活才不会被蒙蔽。

看淡生活中的不公

不要太过执着于生活中的不平。生活就是这样，不可能处处、时时、事事都公平，看透了生活，也就没有什么不平事了。

亨特的女友离开他后依旧过得幸福愉快，他觉得生活不公平。大师向他询问原因。亨特告诉他："我们向上天许下誓言，谁先背叛，谁就要在一年之内死于非命，可是她还好好地活着，人们的诺言老天难道听不见吗？"

大师说："人世间有的誓言就是无法实现的，要不然人早就在地球上消失了。"所有情真意切的情侣都是起过誓的，若誓言都应验了，人不是早就不存在了？爱情不是永恒不变的，所以不要怪老天，恋人的誓言在他看来只听听就好。"要想让誓言实现，不但要看愿力还要看因缘。"大师又解释道。亨特向大师求教自己该如何是好。

大师告诉他这样一个故事:"过去有个人,他买了一条金贵的金鱼养在鱼缸里。鱼缸打破了,这个人必须做出选择,一是看着金鱼死去;二是什么都不要管,马上救活金鱼。该如何选择呢?"

"当然是第二种选择。"亨特回答。"那么,你也应该赶快救活你的金鱼。当然不要忘了丢掉刚刚打碎的鱼缸。放得下仇恨的人才懂得真正的爱。"亨特听完之后很高兴。

这个世界上没有绝对的公平,但是我们不要对不公心生怨念。生活有时候就是不近情理的。不要抱怨生活中的无奈,要看淡一切看透生活。

满心疲惫地付出一切,追求梦想,却并不一定会迎来期许的回报。这些都会给我们的生命带来不可磨灭的记忆。

当发现生命中的不公时,你可以做这三件事:

(1)对于衡量公平的标准,要学会变通。公平与否是一种主观感受,所以要想在心里觉得公平,可以转换一下比较的原则。当你没有竞争到自己渴望的岗位时,就要想一想还有很多和自己能力相当的人也没有得到你想要的岗位,如此一来,你就不会觉得不公平了。

(2)努力让自己更加优秀。有一部分人觉得能力上过关就可以被领导认可,错误地认为与领导交流是小人的做法。事实上,每个人都喜欢被别人欢迎,并得到尊重和理解,那些你认为不公的始作俑者其实是你自己不成熟。

（3）要放宽自己的心胸。人感到受伤有很大一部分原因是苛求造成的。世上根本没有公平，因此我们不必到处要求公平。

生活远比我们想象得要糟糕许多，它并不是处处都公平的。有些人事事顺心，另一些人有时候却连一些小愿望也无法实现。这就是生活。所以，看透生活，看淡那些公平与不公，对生活微笑吧！

Part 4

心静如水,你的焦虑毫无意义

摒弃盲目的偏执

偏执的人往往是极度的感觉过敏，对侮辱和伤害耿耿于怀；思想行为固执死板、敏感多疑、心胸狭隘；爱嫉妒，对别人获得成就或荣誉感到紧张不安妒火中烧，不是寻衅争吵，就是在背后说风凉话，或公开抱怨和指责别人；自以为是，自命不凡，对自己的能力估计过高，惯于把失败和责任归咎于他人；在工作和学习上往往言过其实；同时又很自卑，总是过多过高地要求别人，从来不信任别人的动机和愿望，认为别人存心不良；不能正确、客观地分析形势，有问题易从个人感情出发，主观片面性大；如果建立家庭，常怀疑自己的配偶不忠；等等。持这种人格的人在家不能和睦，在外不能与朋友、同事融洽相处，别人只好对他敬而远之。

偏执的人常常广泛猜疑，常将他人无意的、非恶意的甚至友好的行为误解为敌意或歧视，或无足够根据，怀疑会被人利用或伤害，因此过分警惕与自卫，或是将周围事物解释为不符合实际情况的"阴谋"，或是过分自负，若遇挫折或失败则归咎于人。 总认为自己正确，或是好嫉恨别人，对他人过错不能宽容，或是脱离实际地好争辩与敌对，固执地追求个人不够合理的"权利"与利益……

不管是对人的偏执、对时代的偏执、对事物的偏执，于人于己都是不利的。 因为，偏执容易顽固，不容易接受新事物。 偏执的人，是独断专行的人、不民主的人、不灵活的人。

在某个小村落，下了一场非常大的雨，洪水开始淹没全村，一位神父在教堂里祈祷，眼看洪水已经淹到他的膝盖了。一个救生员驾着舢板来到教堂，跟神父说："神父，赶快上来吧！不然洪水会把你淹死的！"神父说："不！我深信上帝会来救我的，你先去救别人好了。"

过了不久，洪水已经淹过神父的胸口了，神父只好勉强站在祭坛上。这时，又有一个警察开着快艇过来，跟神父说："神父，快上来，不然你真的会被淹死的！"神父说："不，我要守住我的教堂，我相信上帝一定会来救我的。你还是先去救别人好了。"

又过了一会儿，洪水已经把整个教堂淹没了，神父只好紧紧抓住教堂顶端的十字架。一架直升机缓缓地飞过来，飞行员丢下绳梯之后大叫："神父，快上来，这是最后的机会了，我可不愿意见到你被洪水淹死！"神父还是意志坚定地说："不，我要守住我的教堂！上帝一定会来救我的。你还是先去救别人好了，上帝会与我同在的！"

洪水滚滚而来，固执的神父终于淹死了……神父上了天堂，见到上帝后很生气地质问："主啊，我终生奉献自己，战战兢兢地侍奉您，为什么你不肯救我？"上帝说："我怎么不肯救你？第一次，我派了舢板来救你，你不要，我以为你担心舢板危险；第二次，我又派一艘快艇去，你还是不要；第三次，我以国宾的礼仪待你，再派一架直升机来救你，结果你还是不愿意接受。所以，我以为你急着想要回到我的身边来，可以好好陪我。"

其实，生命中太多的障碍，皆是由于过度的偏执。

极端的偏执，是一种在前提错误的情形下的偏执。而如果有人能够以理智的思考，把这种偏执用到正确的地方，那么，这种偏执就应称为执着。

所以，对于偏执，我们不能一概地排斥，而是应该合理地改造，即把偏执引导到一个正确的方向上来。

在生活中，如果都能摒弃盲目偏执的情绪，善于倾听、接受别人的意见和建议，那么，我们就能避免失败和挫折，实现我们的人生目标，获得事业和生活的成功。为了避免出现偏执心理，你应该注意以下几个方面。

1. 虚心听取他人意见

"满招损，谦受益"是哲人留给后人的一句可以千年护身的诤言。过度自信自满的人，他的"心"无法装其他东西。在这个瞬息万变的社会，随时需要更新知识、观念，大脑需要不断吸取养分，所以我们一定要虚怀若谷，这样才能吸收无尽的知识和资源，容纳各种有益的意见，从而使自己丰富起来。

俗话说："良药苦口利于病，忠言逆耳利于行。"如果我们能虚心地听一听别人的意见，学会尊重别人的意见，肯定会对自己的认识有所补充和帮助。听取别人的意见等于自己分享了别人的知识和经验，自己也会得到别人的支持和尊敬。因为别人对你提出意见或建议的时候，一定是经过深思熟虑的，这些都是宝贵的财富，可以极大地开阔你的眼界。肯向你提出意见或建议的人，一定是对你非常信任的人，他的目的是想帮助你，如果你能接受他意见中合理的成分，那么他会有一种被人尊重和信任的感觉，他对你就有了一种责任感，他在以后的工作中一定会倾尽全力地帮助你，这样对你将有巨大的帮助。

对于固执己见者来说，要尽量去了解别人的所思所想，特别是要了解与自己有着不同社会背景的人们的观点，这是克服偏执的最好办法。如果你觉得别人似乎缺乏理智、蛮横无理、令人厌恶的话，你就得提醒自己：在他们的眼中，你或许也是如此。有时候别人不一定能告诉你他的真实想法，因为，他可能被你的自以为是吓坏了。在这种时候，你要主动地让他们说话，让他们提出他们的看法，而当他们终于说出来的时候，你又应该加以分析研究，如果觉得别人说得有道理，就要虚心接受；如果觉得别人说得没有道理，就一笑了之。

2. 不要轻易否定别人

在生活中，人与人之间应相互理解，相互肯定，尤其是在与人讨论、交谈时，对于别人的见解我们不应轻易否定，即使其见解与你相左。如果能够做到理解别人、体贴别人，那么就能少一分盲目。要善于发现别人见解的独到性，只有这样，才能多角度地看问题，那么你就会发现自己的立场过于固执，有时还显得那么无知和可笑。如果截然相反的意见会使你大动肝火，这就表明，你的理智已失去了控制。假如有人坚持认为二加二等于五，或者冰岛在赤道上，你根本不会发怒，只是对他的无知感到哑然失笑。只有那些双方都没有令人信服的证据的事情，争论才会最激烈。因此，无论何时都要注意，别听到不同的观点就怒不可遏，有时通过细心观察，你会发觉也许错误在你这一边，你的观点不一定都与事实相符。

在人际交往中，让步是一种常用的处理问题的方式。让步不是懦弱、失去人格的表现，而是一种修养。让步其实只是暂时的、虚拟的退却，为进一步有时就必须先做出退一步的忍让；为避免吃大亏，就不应计较吃点小亏，况且有时听取了别人的意见，反而会使自己受益无穷。

我们要经常告诫自己：时过境迁，固有的经验，不一定适用于现在这个环境。不要完全地、无条件地相信自己的第一感觉，第一感觉往往是不全面的。同时还要克服自己的刻板态度，学得态度灵活一点，只有这样，在时间、地点、人物发生变化的时候，才不会死抱着原有的看法不变。

战胜消沉，让自己变得积极起来

23岁的赵袁从某名牌大学毕业后，被分配到某外资公司，与公司女职员小艺一见钟情。但是，同居两月后，小艺毅然离去，留给赵袁的是一腔惆怅和烦恼。

从此，平素爱说笑的赵袁变得沉默寡言，他开始失眠，一天到晚昏昏沉沉，人变得越来越消瘦。他渐渐地开始怀疑生活的意义，觉得自己是这个世界上多余的人。他终日唉声叹气，口口声声"活得没意思，还不如死了好"。

赵袁是由于恋爱遇到挫折而产生了消沉心理。

消沉是指心灰意冷、沮丧颓唐的消极情绪。通常在以下几种情景中产生：一种是追求的目标脱离实际，看不到现实生活的复杂，由于力不从心而导致失败，消沉心理油然而生；一种是意志薄弱，遇到挫折就灰心失望，感叹命运跟自己作对，以致处处不顺心、事事不如意；一种是受错误人生观、价值观的影响，认为人生不过如此，看破红尘，把信念、抱负抛在一边，整天浑浑噩噩、消极混世，异常颓废。

消沉与躯体疲劳无关，而是对生活失去信心和希望造成的。长此以往，不仅会演变为各种心理疾病，而且也会因厌世而出现自杀倾向，酿成悲剧。

因此，你必须要战胜消沉，让自己变得积极起来，这样才能拥有强大的内心，从而创造出非凡的成就。

著名发明家爱迪生耗费大半生的精力，建立了一个庞大的实验室。但不幸的是，因为一场大火，他一生的心血几乎付之一炬。

当他的儿子在火场附近焦急地找到父亲时，他看到已经67岁的父亲居然坐在一个小斜坡上，静静地看着熊熊大火烧尽一切。

爱迪生见儿子来找他，便让儿子去叫妈妈来："快把她找来，让她看看这场难得一见的大火。"

大家都以为大火可能对爱迪生造成了重大打击，但是他说："大火烧去了所有的错误。感谢上帝，我们又可以重新开始了。"

没多久，新的实验室建起来了。

生活中，经常有人像爱迪生这样遭受意想不到的挫折，然而大多数人都绝望了、消沉了。其实，心理消沉的人的命运只能是被大火吞没，一旦走出消沉情绪的困扰，成功就在不远处等你了。

某人做生意失败后，便一直待在家里，意志消沉，不愿再从事任何工作，家人和朋友都劝他，他却总是叹气说："外面竞争太激烈了，我智商低，怎么竞争得过别人呢？还是待在家里吧。"

他的失败真的是因为智商低吗？答案是否定的。下面这个故事就是一个例证。

有一家纺织厂，经济效益不好，工厂决定让一批人下岗。在这一批下岗人员里有两位女性，她们都是40岁左右，一位是大学毕业生、工厂的工程师，另一位则是普通女工。毫无疑问，就智商而论，这位工程师的智商应该超过那位普通工人。

女工程师下岗了！这成为全厂的一个热门话题，人们纷纷议论着、嘀咕着。女工程师对人生的这一变化深怀怨恨。她愤怒过、她骂过、她也吵过，但都无济于事。因为下岗人员的数目还在不断增加，别的工程师也开始下岗了。然而，尽管如此，她的心里却仍不平衡，她始终觉得下岗是一件丢人的事。她的心理渐渐地由愤怒转化成了抱怨，又由抱怨转化成了消沉。她整天都闷闷不乐地待在家里，不愿出门见人，更没想到要重新开始自己的人生，孤独而消沉的心理控制了她的一切。她本来就血压高，身体弱，消沉的心理又总是把自己的注意力集中到下岗这件事上。她内心一直都在拒绝这一变化，但这一变化又实实在在地摆在了面前，她无法解脱。没过多久，她就孤寂地离开了人世。

普通女工的心态却大不一样,她很快就从下岗的阴影里解脱了出来。她想:别人既然没有工作能生活下去,自己也肯定能生活下去。她还萌生了一个信念——一定要比以前活得更好!从此以后,她平心静气地接受了现实。说来也怪,平心静气的心态让她变得聪明起来,她发现了自己以前从来没有认真注意过的长处,这就是她对烹调非常内行。

就这样,在亲戚朋友的支持下,她开了一家小小的火锅店。由于发挥了自己的长处,她经营的火锅店生意十分红火,仅用了一年多的时间,她就还清了借款。现在她的火锅店的规模已扩大了几倍,成了当地小有名气的餐馆,她自己也确实过上了比在工厂上班时更好的生活。

一个是智商高的工程师,一个是智商一般的普通女工,她们都曾面临着同样一个困境——下岗。但为什么她们的命运却迥然不同呢?原因就在于她们各自的心态不同。

女工程师的心态始终处在消沉之中,这样的心态使得她对自己的人生不可能做出一个公正的评价,更不可能重新扬起生活的风帆,她完完全全沉溺在自己孤独的内心之中。一个人一旦持有这样的心态,其智商就犹如明亮的镜子被蒙上了一层厚厚的尘土,根本不可能清明光亮。所以,尽管女工程师的智商高,但在面对生活的变化之时,她的心态却阻碍了其智商的发挥。不仅如此,她的心态还把她的智商引向了负面,使她的智商在埋怨和消沉的方向上发挥出了威力。换句话说,她的智商越高,她的抱怨就越深,她的抑郁就越沉重。 而与之相反,普通女工的智商虽然一般,但她良好的心态不仅使自己的智商得到了淋漓尽致的发挥,而且还决定了其性质是正面的、积极的,所以她获得了成功,过上了比以前更好的生活。

人人都可能遇到挫折,而面对挫折的心态是积极或消极,决定了你的人生是成功或失败。 要想取得成功,我们就必须战胜挫折。 只有历经挫折的洗礼,我们才能迎来成功的辉煌。

琼斯一家人生活在威斯康星州,生活的来源主要靠琼斯经营农场,他的身体强壮,工作认真勤勉。在一次意外的事故中,琼斯瘫痪了,躺在床上动弹不得。亲友都认为他这辈子完了,事实却不然。

琼斯的意志没有受身体瘫痪的影响,他依然在思考和计划着。他决定让自己活得充满希望、乐观、开朗,做一个有用的人,继续养家糊口,不要成为家人的负担。

他把自己的构想告诉家人:"我的双手不能工作了,我要开始用大脑工作,由你们代替我的双手,我们的农场全部改种玉米,用收获的玉米养猪,趁着乳猪肉质鲜嫩的时候灌成香肠出售,一定会很畅销!"

"琼斯乳猪香肠"真的如琼斯所想,成了家喻户晓的美食。

天无绝人之路。 生活丢给我们一个难题,同时也给了我们解决难题的能力。

人生不总是一帆风顺的，各种各样的挫折都会不期而遇。幸运和厄运，各有令人难忘之处，不管我们得到了什么，都没有必要张狂或消沉。

琼斯的身体瘫痪了，可他的意志却丝毫没受影响，并能乐观地对待残酷的现实。他利用自己的大脑，然后借用别人的手，依然干出了自己的一番事业。

琼斯之所以取得成功，是因为他没被挫折吓住，没有在挫折面前低头，而是另辟蹊径，走向了事业的成功。

的确，每个人都不必总乞求阳光明媚、暖风习习，要知道，随时都会狂风大作、乱石横飞，无论是哪块石头砸到了你，你都应有迎接厄运的气度和胸怀，在打击和挫折面前做个坚强的勇者，跌倒了再重新爬起来，用强大的内心迎接生活的挑战。

那么，如何对已经出现的消沉心态进行调适呢？下面几种方法可能会对你有所帮助：

1. 参加锻炼

体育锻炼能使人体产生一系列的化学变化和心理变化，很适合用来调节消极情绪。较适宜的运动项目有慢跑、跳舞、游泳、瑜伽、拳击等有氧运动。

2. 改善营养

维生素 B 有助于改善情绪，这类食品有全麦面包、蔬菜、鸡蛋等。

3. 走亲访友

找知心的、明白事理的亲朋好友,向其倾吐心里话。

4. 乐观幻想

做乐观的幻想,不做消极的猜想。

5. 奋发工作

把精力集中到工作上,便能使人忘记忧伤和愁苦。

6. 外出旅游

看看青山绿水,袅袅炊烟。

直面挑战，静心不是逃避

许多研究心理健康的专家一致认为，适应能力良好的人或心理健康的人，能以"解决问题"的心态面对挑战，而不是逃避问题，怨天尤人。

然而，在现实生活中，能够以正确的态度面对挫折与挑战其实并非易事。我们可以看到，周围的不少人或因工作、事业中的挫折而苦恼抱怨，或因家庭、婚姻关系不和而心灰意冷，甚至有的因遭受重大打击而产生轻生念头。

阿军有着令人羡慕的职业，有一天他竟然对朋友说他曾经有过轻生的念头。他是一个因循守旧的人，不习惯面对变化与改革。当他得知自己可能被指派去干他既不熟悉也不喜欢的工作时，潜在的焦虑、恐惧与厌世情绪随即涌上心头。他本来可以去竞争另外一个更适合自己的职位，可是由于胆怯自卑而失去了竞争的勇气。正是这种逃避竞争、习惯于退缩的心态，使他陷入绝望的深渊之中。这种扭曲的心态和错误的认知观念使他放弃了所有的努力。

其实，人的一生，或多或少都会遇到一些意外和不如意的事情，我们能否以健康的心态来面对是至关重要的。

由此，我们可以得到什么启示呢？等着挨打的心情是消极的，那种等待的过程与被打的结果都是令人沮丧的。一个人在心理状况最糟糕的状态下，不是走向崩溃就是走向希望和光明。有些人之所以有着不如意的遭遇，很大程度上是由于他们个人主观意识在起着决定性作用，他们选择了逃避，而事实上逃避根本解决不了任何问题。

1. 直面责任，不要逃避

你是否经常听到有人在问："这是谁的错呢？"即便这种话不是每天都能听到，你也会看到许多人在抵赖狡辩，或者为了推卸责任而指责别人。也许你会发现自己也有这种习惯呢。

但是，指责往往会引起不快和惩罚。为了避免这些不快与惩罚，许多人想尽办法逃避责任，比如转移批评、推卸责任、文过饰非等。"免罪"理论可以帮助我们理解常见的逃避责任的行为的深层原因。免罪理论的内容如下：

避免或逃脱责罚是人类的一种强烈本能。

多数人在"有利"与"不利"两种形势的抉择中，都会选择趋吉避凶。

通过各种"免罪"行为，人们可以暂时逃脱责罚，保持自身良好的形象。

现在，让我们看一些逃避责任的伎俩，并分析其内在含义：

"这不是我的错。"

"我不是故意的。"

"没有人不让我这样做。"

"这不是我干的。"

"本来不会这样的，都怪……"

这些辞令是什么意思呢？

"这不是我的错"是一种全盘否认。否认是人们在逃避责任时的常用手段。当人们乞求宽恕时，这种精心编造的借口经常会脱口而出。

"我不是故意的"是一种请求宽恕的说法。通过表白自己并无恶意而推卸掉部分责任。

"没有人不让我这样做。"表明此人想借装傻蒙混过关。

"这不是我干的。"是最直接的否认。

"本来不会这样的，都怪……"是凭借扩大责任范围推卸自身责任。

找借口逃避责任的人往往都能侥幸逃脱。他们因逃避或拖延了由于自身错误而导致的社会后果而自鸣得意，这种心理强化使得这些借口得到了广泛使用。这类"免罪"的借口经常能够获得部分或完全的成功，否则，人们就不会使用这种手段了。

为了免受谴责，多数人都会选择欺骗手段，尤其当他们是明知故犯的时候。这就是所谓"罪与罚两面性理论"的中心内容，而这个论断又揭示了这一理论的另一方面。当你明知故犯时，除了编造一个敷衍他人的借口之外，有时你会给自己找出另外一个理由。

人们在逃避指责时，经常会含糊其词，或者故意隐瞒关键问题，或者干脆靠撒谎来逃脱批评与惩罚。比如说，工作拖拉的人多半不会轻易承认："我的报告交得迟是因为我不喜欢干烦人的工作，我才不在乎我的延误会不会对别人造成影响呢，我偷懒的时候，从来是只图自己舒服的。"相反，他们常常会说："我家里出了一些事情。"或是其他一些夸大其词的谎言。

编造借口可以博取同情，一旦赢得了同情，那些工作拖拉的人就能免受惩罚并因此自鸣得意。但是，随着逐渐习惯编造借口，撒谎的技巧渐趋熟练，也就积习难改了，养成为逃避公正的谴责而撒谎的习惯，等于选择了一条危险的路，踏上这条不归路，你就很难再有其他的选择了。如果你对事态的发展真的无能为力，大多数明白事理的人是不会苛责你的，只有当一个人明知故犯并造成恶果时，人们才会对他进行谴责。

人生在世，孰能无过。从你出生时起，你就在与周围的世界产生积极的互动。环境对你产生影响，但是你往往更会对周围的事物产生影响。你能够在众多选择中做出自己的决定，这就是所谓"自由意志"。这说明你拥有主宰自身行为的能力，因而完全能够对周围环境产生影响。

如果是这样，你就应该为自己的行为负责。你做出的决定，就理应承受相应的责备与赞扬。但是有时，人们在做决定时确实会受到种种客观情况的干扰，如信息不畅、缺乏常识、时间紧迫或者思想不够集中等。

如果你辜负了同事的信任，继而若无其事地对他们撒谎，你们之间的关系就会遭到毁灭性的破坏。为了免受应得的责备，有些人会掩盖真相、敷衍搪塞、编造借口、无中生有、言不对题或者闪烁其词。这些欺骗伎俩并非总能奏效，但是其目的却已昭然若揭：不过是想方设法逃避谴责与惩罚罢了。承认"我错了"的意义非常重大。因为人人都难免犯错，所以大多数人都能原谅别人的过失。勇于承认自己的错误，可以提高一个人的信誉，并有助于自我完善。

2. 直面挑战，战胜自我

近年来，媒体上不断传出自杀新闻。大家在震惊之余，不免会感到疑惑，为什么这些人有这么大的勇气自杀，而不愿意将这股勇气拿来挑战人生！

事实上，人对于未来会感到不安与恐惧，害怕面对死亡，也因此知道珍惜生命。但是为什么还有人自杀呢？这和人的潜在意识有非常密切的关系，当人对于某些事情感到痛苦时，这个痛苦就会不断地传输给潜在意识，而潜在意识就会忠实地依照信息在情境来临时去实现。

自杀的动机绝不是临时起意，而是因为人感到痛苦，所以不断告诉自己，死去总比活着好，潜在意识就产生"活着干什么"的意念，最后终于带领人走上死亡。所以人应该时时刻刻朝正面思考，而不要让负面的痛苦沉淀。例如，我们信仰宗教、求神拜佛，无非是祈求痛苦能获得解决，这个过程就是不断在告诉潜在意识，我们要远离痛苦，重复地告知，潜在意识确实就会带领我们远离痛苦。

有人为了远离痛苦，而选择逃避问题。其实人的成长，就是因为人生中经历过无数挫折与失败，如果我们能体会痛苦的价值，愿意面对现实，有勇气承担痛苦，我们就能活得更坚强、更有价值。

在漫长的人生道路上，不论是谁，痛苦和挫折都是不可避免的，是一定会发生的，是人生的一部分。完全享乐，没有任何痛苦的人生，是不现实的，只能出现在传说之中罢了。既然无法避免，那么我们是消极地继续想方设法去逃避还是转过身来，不做命运的逃兵，勇敢地面对痛苦、迎接苦难，看着它，然后战胜它？这个看似不用思考的选择对你整个人生是黯淡还是辉煌起着决定性的作用。

谁能数清楚人生中一共有多少错误呢？当我们面对错误的时候又该怎么办呢？有很多人第一时间就想到了逃避。这个答案可以说是非常可笑的，要知道，逃避本身就已经是人生中的重大错误之一，在通往成功的路上，如果你总是遇到事情就选择逃避的方式来保护自己，或许只能说明一个问题：你还没有勇气面对和挑战现实生活中所遇到的种种灾难和不幸。

不妨试着冒点风险，勇于面对那些灾难和不幸，使你解脱日复一日的单调与痛苦的生活。不一定要你做出多么惊人的举动，只需要小小的改变就会给你带来巨大的惊喜，比如上班时不一定非得要乘坐同一种交通工具，每天早餐不一定总是要吃同样的东西等。你运用自己的创意，充分发挥自己的想象力,这时,你就会发现,你原来设想的计划几乎都是可以实现的。 这个世界上没有做不成的事。

1944年是一个风雨飘摇的年份,第二次世界大战进入到了最关键的转折点。艾森豪威尔将军正指挥他麾下的英美联合部队准备横渡英吉利海峡,强行登陆法国诺曼底,展开和德国法西斯战争的新阶段。

此次的抢滩登陆事关重大,是整个战局的关键性动作。英美两国之间精诚合作,不分你我,几乎为这场战役投入了举国上下的人力物力。然而人算不如天算,就在一切准备就绪、蓄势待发的时候,英吉利海峡却突然风云变色、巨浪滔天,数千艘船舰只好退回海湾,等待海上恢复平静。

这么一等,结果坏了,整个部队足足等了四天,天空像是被闪电劈开了一道裂缝,倾盆大雨连绵不绝,数十万名军人被困在船上,进退两难,每日所消耗的经费、物资,实在不容小觑。

正当以优秀军人气质著称的艾森豪威尔总司令苦思对策时,气象专家送来最新的报告,资料中显示天气即将出现好转,狂风暴雨将在三个小时之后停止。艾森豪威尔明白这是千载难逢的好机会,可以攻敌人于不备。只是这当中也暗藏危机,万一气候不如预期中这么快好转,很可能就全军覆没了。

艾森豪威尔将军经过长时间而慎重的考虑之后,在日志中写下:"我决定在此时此地发动进攻,是根据所得到的最好的情报做出的决定……如果事后有人谴责这次的行动或追究责任,那么,一切责任应该由我一个人承担。"然后,他斩钉截铁地向陆、海、空三军下达了横渡英吉利海峡的命令。

艾森豪威尔仿佛受到了幸运女神的眷顾,上帝也仿佛在帮助执行正义的人。倾盆大雨竟然真的在三个小时后停止了,海上一片风平浪静,英美联军终于顺利地登陆诺曼底,掌握了这场战争获胜的关键。

真正的英雄不一定在于他的功绩有多么伟大,而在于他有没有面对的勇气。面对困难,面对失败,只要勇敢地去面对,你也可以成为自己的英雄。生活中的很多人,可以面对困难,却不敢面对失败,这是非常普遍的情况。你应该明白一件事,失败只是可惜而已,一点也不可耻,况且只要你不被失败所打倒,那么失败永远都只是一时的。

因为家境贫寒,他年仅20岁就辍学踏入社会。那时正逢经济萧条时期,要想找份工作非常艰难。一家知名医药企业刚刚贴出招聘科员的告示,就引来了数十名应聘者,他也在求职大军之列。

招聘者被一一编了号,他排在50多号。求职者相继沮丧地从招聘室走出来,说:"条件很苛刻,没有大学文凭,没有两年以上从业经验,一概不收!"门外的应聘者一听,呼啦一下走了不少人。他也不符合应聘条件,可他没走。

不久,又有几名应聘者走出办公室:"年龄要25周岁以上!"

应聘者又散去了不少,但他继续耐心地排队等待。后面的应聘者问:"看你25岁不到吧?"他点头。那人又说:"肯定也会被淘汰的,不如走掉算了!"他笑着说:"机会难得,即便是不符合条件,也应该试一试!"

结果,他的人生就因"试一试"的勇气而改观。各方面都不符合条件的他,虽然未被招聘为科员,但招聘主管因他形象不错、口齿伶俐,破格录取他做了一名药品推销员。参加工作以后,这位没有社会背景和学历的青年,凭借着这份敢于尝试的勇气,一边卖药一边考公务员,短短10年,就从普通的卖药仔,一路飙升为香港政要。

1998年亚洲金融危机中,他敢于动用外汇储备干预股市,以过人的胆识、智慧及谋略捍卫了香港的金融体系。他就是香港特区前任行政长官曾荫权。

后来,在很多场合,他都被问道:成功是不是靠运气?曾荫权说:"从前人们都说从尖沙咀坐船到中环几乎是不可能的,因为水流湍急,会把你带向大海。我不相信,试过一次,意外地发现,虽然坐船到不了中环,但却可以到湾仔或西环,同样是很好的落脚点啊。凡事不要先断定结果,不要逃避,只要你有心尝试,只要你充满勇气,不管是否如你所愿,生活总会给你惊喜!"

的确,逃避心理所带给我们的只能是故步自封,停滞不前;勇敢面对,迎难而上,接受挑战,才是正确的选择。

战胜怯懦，让自己强大起来

美国心理学家麦迪逊在他的名著《心理疾病》中说："病态心理中，最隐秘而又最严重的是怯懦心理。"然后他又用科学的语言描述说："怯懦有许多层次，自下至上，越来越严重。它的层次依次是：失望、恐怖、震惊等活跃情态，到惶恐、不安等沉静情态。"

一般来说，怯懦心态的表现形式大致可以分为以下几个方面：

怯懦者胸无大志，目光短浅，凡事唯唯诺诺，见难就退，见危就避，凡事都过分小心。具有怯懦情绪的人，他们无论说话、做事，还是待人接物，都显得谨小慎微、缩头缩脑、卑躬屈膝，总是怕做错什么，生怕树叶掉下来打到自己的头，不敢越雷池半步。由于过分担心害怕，所以做起事来犹犹豫豫，效率特别低。对他们来说，最好的选择就是尽量少做事，或者不做事。

再者，他们还意志薄弱，缺乏敢作敢当的勇气，遇到突发事件就会惊慌失措。他们信不过自己，也信不过别人。他们不敢冒风险，不敢去和一切艰难困苦做斗争，不仅做事缺乏勇气，而且毫无决断力，只会一味承认自己低劣，并忏悔、自责、贬低甚至摧残自己。

怯懦者对熟悉的事物和环境比较得心应手，但对于不熟悉的、未知的环境，则显得过分慎重，不愿抛头露面。怯懦的人缺乏创造力和冒险精神，凡是遇到新计划、新挑战，总会搬出各种理由来推迟实行，觉得这样会减少风险，其实无形中就失去了很多成功的机会，因此，事业上往往无所作为，平平庸庸。

实际上人生就是挑战，社会就是一个大运动场。在这里，强者胜，劣者汰。人人面临着挑战，同时也体验着挑战。只有不畏强手，勇敢地迎上去，接受新的挑战，才能出奇制胜。

有的人善于隐藏怯懦心态，他们虽然内心怯懦，但他们很会掩饰自己的胆小怕事，他们善于自吹自擂，借虚荣来标榜自己的大胆无畏。他们说起话来振振有词，似乎什么人和事都不放在眼里，并常常炫耀自己的成功和权势，希望以此取得别人的信任。表面看来他们很自信，实际上却是怯懦至极。他们是语言的巨人、行动的矮子。当需要鼓起勇气，勇敢去做时，往往就立刻退避三舍。不仅害怕做不好事，更害怕招惹麻烦，即便是不得不做的事，在做的过程中也是唯唯诺诺、战战兢兢，随时担心意外情况的出现。

怯懦者被动地屈从于外部势力，接受伤害、责备、批评与惩罚。怯懦的人往往畏惧权势、畏惧邪恶，不敢反抗、不敢得罪权贵,而勇敢与怯懦的分界线,也就表现在这里。 勇敢者有一种泰山压顶不弯腰的气势,敢于同权贵做斗争,就像李白所说:"安能摧眉折腰事权贵,使我不得开心颜。"

怯懦者善于忍耐,顺从于命运。 中国的传统文化一直提倡忍耐,人们认为人际交往中的矛盾冲突是难免的,只有互相忍耐才能相安无事,能忍耐的人才能宽容别人,忍耐被用来衡量人的意志,能忍耐的人会被认为是强者。 但是,忍是有限度的,过分的忍耐对人极为有害,"心"字头上一把刀,这是人们对"忍"字的形象注解,这把刀是会戳伤人的心灵的。 因为忍耐使人的情绪得不到宣泄,大量消极情绪会郁结于心,人们误以为时间久了这种情绪会渐渐消失,但实际上并不是这样。 未宣泄的情绪会埋在心里,历时几十年也未必会自行消失,这些郁结的情绪严重损害着人的身心健康。 长期忍耐,会使一些人变得越来越怯懦,于是开始屈服退让,这样会被人欺负,不能捍卫自己应得的权益。 长此以往,他们就会失去人本该有的喜怒哀乐,失去了享受生活的能力,会觉得无望,开始变得顺从,崇尚宿命论,凡事皆认为是命中注定,无力面对自己所面临的一切。

那么,如何才能避免怯懦这种不良心态呢? 最有效的办法就是你应该对自己的能力充满信心,并坚信自己可以战胜生活中的一切艰难困苦。 对任何事情都兢兢业业、无所畏惧、永不退缩地去做,永远富有勇气和决断力。 只有自信的人才能顽强地去克服种种困难,发挥出自己的聪明才智,在事业上取得成功。 有时凭一点点勇气就能够把事情做好,但人们之所以不去做,是因为他们认为不可能,其实有许多不可能只存在于人们的想象中。所以，要做好以下四个方面：

1. 消除畏惧心理

怯懦心理较重的人，除了要努力培养自己坚强的意志、丰富的想象和激荡的热情之外，还必须培养战胜胆怯的勇气和决不向困难妥协的冒险精神。消除畏惧，是一个人成功的前提。毫无畏惧的人，在一切社会环境、自然环境当中，有着按自己的意图行事的坚韧力，他们可以抛弃一切，无所顾忌地向着奋斗目标英勇前进，具有敢于挑战、反对现存秩序的气魄。他们不断从事着改造社会、改造自己的工作，并力图寻找自己的对手，打垮敌人，以此来激发斗志，发挥出自己的能量。

正如西方一位哲人所说："迎头搏击才能前进，勇气减轻了命运的打击。"中国也有一句古话叫"狭路相逢勇者胜"，人的勇气和胆识是在屡败屡战中锻炼出来的，也是自己给自己灌输的。鼓足勇气，直视困难，你会发掘出自己抵抗逆境的强大力量。

所以，无论你的一生是平淡或辉煌，无论你是杰出还是平庸，这一切都取决于一个意念，取决于你心中的愿望。你应该相信自己的潜在优势，增强自信心，解除怯懦感。胆小的人真正的敌人是自己，一个进取的人，必须具备勇气和创造力，在人类的历史上，只有那些相信自己、勇敢而富有创造力的人以及那些具有冒险精神的人，才能成就伟大的事业。

2. 磨砺坚强的意志

一个怯懦的人，必须培养和树立信心，才有可能勇敢地去做自己想做的事，否则会畏首畏尾，永远走不出黑暗。我们不论遇到什么问题，哪怕是面临失败，也不要灰心丧气，要勇敢地正视它，以积极的态度寻找应变的方法。一旦问题解决了，自信心也会随之增强。

如果你觉得自己性格中有怯懦的一面时，就应该不断地跟自己说："我是坚强的，我比任何人都勇敢，没什么东西可以击垮我。"经常反复地跟自己这样说，就等于你在不断地把正确的观念输入到你的潜意识之中，时间长了，这些正确的观念就可以改变你的人生态度，使你变得坚强、果敢。卡耐基说："我们每个人的生活面貌都是由自己塑造而成的，如果我们能学会接受自己，看清自己的长处，明白自己的短处，便能踏稳脚步，达到目标。"其实，我们每个人都差不多，别人能做到的事情，你也能做到。要鼓起勇气，下定决心，与一切怯懦的思想做斗争，生活中许多恐惧不安，其实都是因为你的信心不足，一旦获得了信心，许多问题就迎刃而解了。

没有任何一种生活是十全十美的，但只要有坚强的意志，就没有改造不了的自我，就没有超越不了的屏障，就没有抵达不了的彼岸。树立远大的目标，发掘自我的潜能，那么，所有瞻前顾后的疑虑、驻足不前的怯懦和逆来顺受的消极统统都会被我们置于脑后，我们将获得无坚不摧的信心和勇气。

3. 培养勇敢精神

"生当作人杰，死亦为鬼雄"这样一类鼓励人英勇无畏的格言，往往能够潜移默化地渗入人们的心灵，激起世人心底的几丝冲动。

要培养这种大无畏的英雄气概，就要多与具有积极心态的朋友交往，多接触成功的人。俗话说得好："近朱者赤，近墨者黑。"多与这些人交往，你就会受到他们乐观、勇敢精神的感染，使自己在潜移默化中变得开朗豁达，逐渐培养出正确的思维方式和良好的生活、工作习惯。通过社会交往，发展友谊，联络感情，结识知己，交流思想，用强烈的社交欲望解除怯懦的症结。但是要注意不要与有消极心态的人多交往，因为两个具有消极心态的人在一起，会彼此给予对方更加消极的暗示。

另外，对自己要有清醒的认识，尤其是要把注意力集中在自己的优点上，坚持发扬自己的这些优点，让自己每天有意识地做些自己最擅长的事，即使是不足挂齿的小事也要坚持不懈。这样，只要发挥出了自己的特长，那么，在工作、生活中自然就会有出色的表现，而自己所取得的成绩不论大小，都能增强、支撑起自己的自信心和勇气，从而逐步减轻直至消除自己的怯懦。战胜怯懦的最好办法就是在伤口还在滴血的时候，就勇敢地、坚强地站起来，然后在泪水里微笑，否则，一旦倒下，再想爬起来，就需要付出更大的代价。

4. 勇于接受挑战

如果由于怯懦，使你不敢做一件事，那么在做这件事之前，先预测一下如果做了这件事，它最坏的结果会是什么。有时候做出最坏的打算，可能唤起一个人心中最大的勇气，去冲破第一次精神上的束缚。在人生的道路上，我们在很多时候都需要这种挑战的勇气和精神：挑战传统、挑战权威、挑战大自然、挑战自我。 没有挑战的人生，就没有什么乐趣，更不用说什么成功了。

　　莎士比亚说："我们知道我们现在是什么样的人，但不知道我们可能成为什么样的人。"失败是不可避免的。 对人对事已尽了全力之后的失败，对这样的结果应该坦然接受。 不要承认"我失败了"，而应说"我这次失败了"或"我做这件事失败了"。 有时我们总是缺乏勇气，在困难面前退缩，在机遇面前犹豫，在压力面前屈服。 所以，有许多理由令我们失去信心，那么我们不妨把自己"置之死地而后生"。

走出抱怨的阴影,生活即将放晴

街头巷尾、茶余饭后的聊天中,常常可以听见一些人牢骚满腹。他们往往都认为自己是世界上最委屈的那一个,总是抱怨工作职位低、赚钱少、老板苛刻……总之,生活中一切不如意的地方都要发一通牢骚,以泄私愤。

人总会有灰心气馁、不满意的时候,此时发点牢骚倒也未尝不可,但如果整天牢骚满腹,不论大事小事、好事坏事,只要不合其意就怨天尤人,就未免有点不正常了。

有这样一个故事:

> 相传,有个寺院的住持,给寺院里立下了一个特别的规矩:每到年底,寺院里的和尚都要面对住持说两个字。第一年年底,住持问新和尚心里最想说什么,新和尚说:"床硬。"第二年年底,住持又问他心里最想说什么,他回答说:"食劣。"第三年年底,他没等住持问便说:"告辞。"住持望着新和尚的背影自言自语地说:"心

中有魔,难成正果,可惜!可惜!"

新和尚对待世事都持一种消极的心态,所以才不能安于现状,一味抱怨,而他的抱怨,也让他失去了修成正果的机会。

一般来说,发牢骚者大都是由于受到冷落或某事没有达到目的而整日愁肠百结,给自己披上悲情外衣的人。面对这种人喋喋不休的抱怨,你起初可能会同情,时间长了,无休无止,像祥林嫂一样天天絮絮叨叨,你可能就会厌恶了。

其实,发牢骚是一种非常正常的情绪,怨气是不能长期积压的,从心理学的角度来讲,适度宣泄能够减轻或消除心理或精神上的疲劳,把怨气通过抱怨发泄出来比让它积郁在心里要好得多,这样做能够使你变得轻松愉快。

但是,你可以抱怨一时,却不能抱怨一世。

朋友之间产生了矛盾,则抱怨朋友不够意思,对自己不体谅;做事不顺心,则抱怨上苍对自己不公平……凡事皆有怨气,越诉越怨,越怨越诉,以一种"别人对不起我"的感觉来达到异常的满足,从而把自己困在了一个无限的恶性循环之中。

与此同时,这也养成了发牢骚者推卸责任的习惯——所有的问题都出在别人身上,自己只是一个可怜的受害者而已。于是,天天以一种受害者的心态来面对一切,久而久之,就给自己营造了一个虚幻的"悲情世界",这也看不惯,那也看不顺。终日在其中长吁短叹,暗生忧愁。

从这个意义上来说,发牢骚者是对已发生之事的一种心理反抗或排斥，其结果是塑造了劣等的自我形象。 就算抱怨是因为真正的不公正与错误，它也不是解决问题的好方法，因为它很快就会转变成一种习惯情绪。 一个人习惯于自己是不公平的受害者，就会定位于受害者的角色上，并可能随时寻找外在的借口。

这种埋怨和自怜的习惯，会把自己想象成一个不快乐的可怜虫或者牺牲者。 这个习惯已根深蒂固，如果离开了这个习惯，就会觉得不对劲、不自然，而必须去寻找新的不公正的证据，这类人只有在苦恼中才会感到适应。

其实，牢骚也好，抱怨也罢，都是因为抱有的心态不对，看问题的角度不对，如果能够以积极的心态，换个角度，相信人的心情会一下子好起来。 事物在一个人心中的好坏，决定于此人的心态，而不是事物本身，正所谓"以我观外物，外物皆着我色"。 牢骚满腹者，不妨转换一下心情，让乐观主宰自己，心情肯定会一下子好起来。 下面这个故事讲的正是这样的道理：

>著名的国画家俞仲林擅长画牡丹。
>
>有一次，某人慕名要了一幅他亲手所绘的牡丹，回去以后，高兴地挂在客厅里。
>
>此人的一位朋友看到了，大呼不吉利，因为这朵牡丹没有画完整，缺了一部分，而牡丹代表富贵，缺了一角，岂不是"富贵不全"吗？
>
>此人一看也大为吃惊，认为牡丹缺了一边总是不妥，拿回去预备请俞仲林重画一幅。俞仲林听了他的理由，

灵机一动，告诉买主，既然牡丹代表富贵，那么缺一边，不就是富贵无边吗？

那人听了他的解释，觉得有理，又高高兴兴地捧着画回去了。

同一幅画，因为心态不同，便产生了不同的看法。所以，凡事都应持一种积极的心态，往好处想，不要看什么都不顺眼，这样就会少些烦恼、苦痛、牢骚，多些欢乐、平安。

在人生的路上，有很多人无论走得多么顺利，只要稍微遇上一些不顺的事，就会习惯性地抱怨上天亏待他们，进而祈求老天赐给他们更多的力量，帮助他们渡过难关。

一个经常失败而又不知道从哪里爬起来的人，在寻找失败的借口和原因时，也往往习惯于责备社会、制度，也常常会抱怨运气太背。对于别人的成功与幸福，总是愤愤不平。因为他认为这些都足以说明他受到不公平的待遇。

愤愤不平是企图用所谓不公平的待遇、不公正的现象来为自己的失败辩护，使自己感到好过一些。可实际上，作为对失败者的安慰，怨天尤人是非常不可取的办法，甚至比生病还糟。怨天尤人是精神的烈性毒药，它使快乐不能产生，并且使成功的力量逐渐消耗殆尽，最后形成恶性循环，自己并没有多大本领而又习惯怨天尤人的人，几乎不可能和同事相处得好。对于由此而来的同事对他的不够尊重或者领导对他工作不当的指责，都会使他加倍地感到愤愤不平。

产生怨天尤人的真正原因是自己的情绪反应。因此，只有自己才有力量克服它，如果你能理解并且深信：怨天尤人与自怜不是使人快乐与幸福的方法,你便可以控制住这种习惯。 一个人如果总是愤愤不平,他就不可能把自己想象成自立、自强的人,他就不可能成为自己灵魂的船长、命运的主人。 怨天尤人的人把自己的命运交给别人,把自己的感受和行动交给别人支配,他像乞丐一样依赖别人。 若是有人给他快乐他也会抱怨,因为对方不是照他希望的方式给的;若是有人永远感激他,而且这种感激是出于欣赏他或承认他的价值,他还会抱怨,因为别人欠他的这些感激的债并没有完全偿还;若是生活不如意,他更会怨天尤人,因为他觉得生活欠他的太多。

下面,让我们来看看一位女士的遭遇,她的人生态度足以使那些动不动就怨天尤人的人汗颜。

她站在台上,不时不规律地挥舞着她的双手;仰着头,脖子伸得好长好长,与她尖尖的下巴扯成一条直线。她的嘴张着,眼睛眯成一条线,看着台下的学生,偶尔她口中也会自言自语,但不知在说些什么。基本上她是一个不会说话的人,但是,她的听力很好,只要对方猜中或说出她的意思,她就会乐得大叫一声,伸出右手,用两个指头指着你或者拍着手,歪歪斜斜地向你走来,送给你一张用她的画制作的明信片。

她就是黄美廉,一位自小就患脑性麻痹的病人。脑性麻痹夺去了她肢体的平衡感,也夺走了她发声讲话的能力。从小她就活在诸多肢体不便及众多异样的眼光中,她的成长充满了血泪。然而她没有让这些外在的痛苦击败她内在奋斗的精神,她昂首面对一切的不可能。她获得了加州大学艺术博士学位,她用她的手当画笔,以色彩告诉人"寰宇之力与美",并且灿烂地"活出生命的色彩"。全场的学生都被她不能控制自如的肢体动作震慑住了,这是一场与生命相遇的演讲会。

"请问黄博士,"一个学生小声地问,"你从小就长成这个样子,请问你怎么看你自己?你从来都没有怨恨吗?"许多人的心头一紧,真是太不成熟了,怎么可以在大庭广众面前问这个问题呢?大家都很担心黄美廉会受不了。

"我怎么看自己?"黄美廉用粉笔在黑板上重重地写下这几个字。她写字时用力极猛,有力透纸背的气势。写完这个问题,她停下笔来,歪着头,回头看着发问的同学,然后嫣然一笑,回过头来,在黑板上龙飞凤舞地写了起来:

一、我好可爱!
二、我的腿很长很美!
三、爸爸妈妈这么爱我!
四、上帝这么喜欢我!
五、我会画画!我会写稿!
六、我有只可爱的猫!
……

忽然,教室内鸦雀无声,没有人讲话。她回过头来定定地看着大家,再回过头去,在黑板上写下了她的结论:"我只看我所有的,不看我所没有的。"掌声由学生中响起，黄美廉倾斜着身子站在台上，满足的笑容从她的嘴角荡漾开来，眼睛眯得更小了，有一种永远也不被命运击败的傲然写在她脸上。

看到这个故事，或许你的脑海中会出现这样的画面：我有一个幸福的家庭，我的爸妈很爱我，我的老婆非常爱我，我与兄弟们相处和睦，有很多认识或不认识的朋友支持我，我可以做我喜欢的工作，可以自由地表达我的看法，有一台电脑，可以上网……我真的没有理由抱怨什么。

有一对婆媳相处得十分不愉快，彼此总是看对方不顺眼，婆婆觉得媳妇懒惰、不孝敬她，对丈夫也不够尽心尽力；媳妇则认为婆婆唠叨，老是嫌弃她做的每一件事情，没有把她当成一家人。直到婆婆生了一场大病，媳妇不眠不休地加以细心照顾后，婆婆这才领悟到媳妇是因为将自己视为母亲，才没有刻意讨好或者巴结她。媳妇也感觉婆婆其实对自己十分在意，才会经常提醒她很多事情，后来婆媳两人开始欣赏对方的优点，渐渐地，也就如同一对母女般愉快相处了。

在生活中，你是否也经常会为了某些小事情抱怨不休呢？当你遇到问题时，你是否会在第一时间就先注意到别人有没有犯同样的错误呢？你是否觉得他人都不够了解你，甚至都亏欠你什么呢？你是不是过度保护自己，忘记别人也有正确的时候呢？

人们在不如意的时候，总会想要宣泄内心的抑郁或者不平，但是我们也必须明白，"人生不如意事十之八九"。所以，要是不小心养成了凡事抱怨的习惯，不仅仅是让我们自己活得不快乐，别人也会因此远离我们。

事实上，抱怨并不会给我们带来任何益处，它只会导致你自怨自艾。更重要的是，它是所有负面情绪的最大来源，换而言之，在大多数时候，我们的负面情绪都是来自于对他人的抱怨，以及对所有事情的不满，可是当我们只关注生活中的不愉快时，我们要如何才能够得到快乐呢？

我们时常会以为自己是这个世界上最命苦的人，我们也经常会问，为什么发生在我们身上的事情，永远那么悲苦不幸？甚至还会问，为什么我们的生命就像一幕一幕的悲剧？

其实在这个世界上，有许多人比我们生活得更加痛苦，他们每天都生活在战争的恐惧中，随时都要遭受杀戮和死亡的威胁。还有许多人天天生活在贫困与饥饿里，小孩子没有衣服穿，没有食物吃，他们的每一天都只能等待着别人的施舍。还有一些地方，因为天灾人祸，致使人们濒临饿死的边缘，这些人甚至连想得到最基本的食物填饱肚子都不可能。

如果你想到这些，应该会觉得自己其实真的很幸福。我们有什么不知足的？难道希望从天上掉下一大堆的金钱，甚至掉下幸福来吗？如果自己不肯努力，只是畏缩逃避、自怨自艾，难道就会得到贵人的帮助吗？

抱怨或者指责他人总是容易的，但是检讨、反思自己，却常常为人忽略。不过，当你懂得凡事先反省自己，并从欣赏的角度来看待世界上的人、事、物时，你将会发现别人身上也有很多的优点,别人平日待你也不坏,所有事情也都有它美好的一面。倘若你只是用挑剔的眼光来看待事情,即使是一点点的不完美,也会在你的心中不停地放大,成为难以忍受的过失!

在某个社区中,有一位太太时常逢人就抱怨她家对面的邻居十分懒惰。她常常对别人说:"住在我家对面的那个女人真的很懒,她的衣服永远都像一块抹布,不但洗得不够干净,还老是布满黑色的污渍!我真是无法想象,一个人如何可以懒得像她这个样子!"

有一天,这位太太的朋友登门拜访,她又开始抱怨。起初,她的朋友还耐心聆听,最后终于忍受不住了,只见这位朋友走到厨房里,拿了一块抹布,随即擦起了窗户:"你没有发现你邻居衣服上的污渍,其实就在你家的玻璃窗上吗?"

在《圣经》中有一段话:"为何你只见弟兄眼中有刺,却不见自己的眼中有梁木?"

有一些人总是习惯抱怨他人,只要生活中遭遇到困难或者挫折,他们总认为那是因为别人的不当行为,才导致了自己身陷逆境,时间一久,他们便觉得自己是这个世界上最悲惨、最不幸的人,进而也会用一种愤恨不平的眼光去看待人、事、物,终其一生都郁郁寡欢,却不知扼杀快乐的人,其实就是他自己!

因此,当我们遭遇到生活中不如意的事情时,我们不应该一味地找理由谩骂、声讨他人，或是口出埋怨的话语，反而应该先让自己冷静下来，检讨整件事情的始末。如果你发现问题是出在了自己的身上，就应该要求自己立即改进，避免日后重蹈覆辙，避免事情继续恶化；要是你发现过错不在自己的身上，你也无须指责他人，因为每个人都会有犯错误的时候，建议你此时不妨用宽容的态度让对方了解你的感受，并且希望彼此之间能够共同让事件向好的方向转变，如此一来，你将能够化解彼此心中的芥蒂与不快，从而拥有良好的人际关系。

也许你会说，不是每个人都能够宽容待人，但是，我们要是不能够先从自身做起，又如何要求他人呢？因此，从此刻开始，请停止抱怨，学习如何用欣赏的眼光看待这个世界，你将会发现，当你懂得欣赏人、事、物美好的一面时，生活中的欢乐也会随之不断增加！

在日常生活中，喜欢抱怨的人常常会陷入人生的低谷。抱怨对工作和生活都会产生严重的影响，由此，需要从以下几方面着手进行自我调适：

1. 从另一个角度感受你的生活

你总是排在最慢的一队中，还是仅仅有时候这样？你在电影院从未坐过好座位，还是只有你坐在头发高耸的女人后面时才注意到位置不好？

开始把你的注意力转向事物好的方面，而且每当事情很顺利时要特别提醒自己。例如，今天天气这么好，我真是太有运气了！我住在一个空气清新的地方，真是运气太好了……迟早，你会感觉自己更幸运，从而不再觉得有什么可以抱怨的。

2. 期望好事会发生

你的期望决定了你如何看待现实。生活本身并没有太多的麻烦，制造麻烦的是人自己。生活可能不公平，而且有时甚至很残酷，但是这并不意味着你永远不会有好运。如果你能摆脱掉自己真不走运的想法，开始期待生活赋予你的最美好的东西，那么好事情就发生了。

3. 保持一颗平常心，不被生活中的琐事困扰

有些人的抱怨常常来自生活中的琐碎之事，凡事斤斤计较，常常弄得自己疲惫不堪。对于这些琐事，我们还是置之不理为好。一位哲人说得好：如果你被疯狗咬了，难道非要对咬你的疯狗也反咬一口吗？所以，遇事要有一种平和的心态，这样才能生活得更好。

Part 5

爱与感恩,让心灵宁静祥和

感恩让心灵的花园永不荒芜

有一句名言说:"人活着应该让别人因为你活着而得到益处。"的确,在生活中,超越狭隘、帮助他人、撒播美丽、善意地看待这个世界,快乐、幸福和丰收就会时时与我们相伴。对此,罗曼·罗兰说得很精彩:"快乐和幸福不能靠外来的物质和虚荣,而要靠自己内心的高贵和正直。"

贝尔太太是美国一位有钱的贵妇人,她在亚特兰大城外修了一座花园。花园又大又美,吸引了许多游客,他们毫无顾忌地跑到贝尔太太的花园里游玩。

年轻人在绿草如茵的草坪上跳起了欢快的舞蹈,小孩子扎进花丛中捕捉蝴蝶,老人蹲在池塘边垂钓,有人甚至在花园当中支起了帐篷,打算在此度过他们浪漫的盛夏之夜。贝尔太太站在窗前,看着这群快乐得忘乎所以的人们,看着他们在属于她的园子里尽情地唱歌、跳舞、欢笑,她越看越生气,就叫仆人在园门外挂了一块牌子，上面写着：私人花园，未经允许，请勿入内。可是这一点儿也不管用，那些人还是成群结队地走进花园游玩。贝尔太太只好让她的仆人前去阻拦，结果发生了争执，有人竟拆走了花园的篱笆墙。

后来贝尔太太想出了一个绝妙的主意，她让仆人把园门外的那块牌子取下来，换上了一块新牌子，上面写着：欢迎你们来此游玩，为了安全起见，本园的主人特别提醒大家，花园的草丛中有一种毒蛇。如果哪位不慎被蛇咬伤，请在半小时内采取紧急救治措施，否则性命难保。最后告诉大家，离此地最近的一家医院在威尔镇，驱车大约50分钟即到。

这真是一个绝妙的主意，那些贪玩的游客看了这块牌子后，对这座美丽的花园望而却步了。可是几年后，有人再去贝尔太太的花园，却发现那里因为园子太大，走动的人太少而真的杂草丛生，毒蛇横行，几乎荒芜了。

孤独、寂寞的贝尔太太守着她的大花园，她非常怀念那些曾经来她的园子里玩得快乐的游客。

贝尔太太用一块牌子为自己筑了一道特别的"篱笆墙"，随时防范别人靠近，这道看不见的篱笆墙就是自我封闭。

自我封闭就是把自我局限在一个狭小的圈子里，隔绝与外界的交流与接触。自我封闭的人就像契诃夫笔下的装在套子中的人一样，把自己严严实实地包裹起来，因此很容易陷入孤独与寂寞之中。自我封闭的后果是什么呢？在封闭自己的同时,也把快乐和幸福封闭在外面。

我们每个人心中都有一座美丽的大花园。如果我们愿意让别人在此种植快乐,同时也让这份快乐滋润自己,那么我们心灵的花园就永远不会荒芜。可一旦我们把这座花园封闭起来,那么阳光和雨水也将不能到达这里。

拥有一颗感恩的心

感恩是我们每个人与生俱来的本性，它是深藏于我们内心的一种优秀品质，也是一种人们感激他人对自己所施的恩惠并设法报答的内在的心理需求。

众所周知，感恩节最初始于美国。1621年的秋天，远涉重洋来到美洲的英国移民为了感谢上帝赐予的丰收和印第安人的帮助，举行了三天狂欢活动。从此这一习俗就延续下来，并风行各地。

后来，在1863年，林肯总统把感恩节正式宣布为美国的法定假日。因此，美国人每逢11月的第四个周四都要隆重庆祝一番，这一天，全家人围坐在餐桌旁，面对有火鸡、南瓜派的丰盛大餐，进行餐前祈祷和感恩。这时，每个人都会怀着感激之情细说值得他们感恩的事。

感恩既是一种美好的品质，更是一种对美好生活的追求。 简单地说，感恩就是去感谢恩人，这是一种生活态度。怀着感恩的心，感恩面前一切美好的事物，那么生命便会创造出一份人间奇迹。 现在许多新新人类都乐此不疲地与"世界接轨"，尽情地过着情人节、愚人节、母亲节、父亲节、圣诞节，却没有想到过感恩节。 他们视幸福为天然，认为本来就应该是这个样子，他们大手大脚花父母亲挣的血汗钱，对父母的馈赠从不言谢，对朋友的帮助也少有谢意，稍不如意便大发牢骚，总觉得世界欠自己太多，社会太不公平，动辄诉诸暴力，或以死相威胁。 这样一不小心就走入两个极端：或者目空一切，或者内向自卑。

　　人们的这些心理偏差，都十分迫切需要感恩思想进入心灵深处来一次灵魂的洗礼。 因为感恩可以消解内心所有积怨，感恩可以涤荡世间一切尘埃，"感恩的心"是一盏对生活充满理想与希望的导航灯，它为我们指明了前进的道路；"感恩的心"是两支摆动的船桨，它将我们在汹涌的波浪中一次次争渡过来；"感恩的心"还是一把精神钥匙，它让我们在艰难过后开启生命真谛的大门！ 拥有一颗感恩的心，能让你的生命变得无比珍贵，更能让你的精神变得无比崇高！

　　试想一下，我们是否经常抱怨自己父母工作太忙而忽视了我们的存在，此时，你不妨用那颗感恩的心去想想父母为我们所做的一点一滴，渐渐地，感恩的心就会取代抱怨。 其实有的时候，快乐很简单，只要你拥有一颗感恩的心，你便会发现身边值得感恩的一点一滴。 感恩的心看似无形，却很有必要，因为许多无法弥补的错误的出现往往是因为忽略了那颗感恩的心，抱怨对人生永远是个负数，如果我们关注的是正确的东西，生活便能得到实质性的改善。感恩是一种处世哲学，感恩是一种歌唱方式，感恩是一种生活的大智慧，感恩更是做人的支点。生命的整体是相互依存的，每一样事物都依赖其他事物而存在。无论是父母的养育、师长的教诲，还是朋友的关爱、大自然的慷慨赐予……我们无时无刻不沉浸在恩惠的海洋中，感恩，是一个人的内心独白，是一片肺腑之言，是一份铭心之谢……

只要我们拥有一种感恩的思想，它就可以提升我们的心智，净化我们的心灵。你感恩生活，生活将赐予你明媚的阳光；你若只知一味地怨天尤人，其结果也只能是万事蹉跎！在水中放进一块小小的明矾，就能沉淀所有的渣滓；如果在我们的心中培植一种感恩思想，那么就可以沉淀许多浮躁、不安，消融许多的不满与失意。因为感恩是积极向上的思考和谦卑的态度，当一个人懂得感恩时，便会将感恩化作一种充满爱意的行动，实践于生活中。同时，感恩也不是简单地报恩，它更是一种责任，是追求阳光人生的精神境界！一个人会因感恩而感到快乐，一颗感恩的心，就是一颗和谐的种子。

拥有一颗感恩的心吧，这会让你的生活越来越美好。

让人间成为有爱的天堂

在物质生活极其丰富的今天,很多人不懂得珍惜现在的幸福生活,只知道一味地索取。 人们往往只对自己的不幸感到悲伤,却不为别人的付出感动,即使偶尔会感动,也只是为感动而感动。

有些人总是把父母的关爱、朋友的鼓励、师长的呵护当成理所当然的事,一遇到失败和挫折就觉得是上天不公,看着别人幸福快乐就觉得是上苍欠他的,而一旦自己背信弃义却无丝毫歉疚之意。 他们的心中只有自己,恩情于他们而言如同草芥,这样的人我们不苛求他感恩,能够做到不忘恩就好。 当然,这样的人即便用尽手段得到自己想要的,也终究得不到极致的快乐,因为他缺少一颗感恩的心。 怀着一颗感恩的心去面对生活,即使日子过得平淡,即使会遇到挫折,人生也会幸福而充实。

一个青年丢了工作,身在异乡的他四处寄求职信,但都石沉大海。一天，他收到了一封回信，回信人斥责他没有弄清楚公司所经营的项目就胡乱投递求职信，并指出求职信中语句不通，借此把青年嘲笑了一番。青年虽然有些沮丧，但他觉得这是别人给他回的第一封信，证实了他的存在，而且回信人在信中的确指出了他的不足。为此，他还是心怀感恩地回了一封信，在信里对自己的冒失表示了歉意，并对对方的回复和指导表示了感谢。几个星期后，青年得到了一份合适的工作，而录用他的正是当初回信拒绝他的公司。

故事中的青年正是因为有一颗感恩的心，即便是别人小小的关注，也使他能够心怀感激，因而得到了一份合适的工作。在我们的现实生活中，轰轰烈烈的事很少，多的只是平凡的生活和烦琐的工作，真正救命的恩情和需要用一生报答的恩情很少，有时候只是别人的举手之劳，或者一个鼓励的眼神、一个善意的微笑，便可以为我们孤独的心增添一份勇气，这其实也是一种恩情，这些也是我们应该经常感念、不能忘记的恩情。

怀着一颗感恩的心去面对生活，人生就会过得幸福而充实。然而有些人却做着忘恩负义的事。

深圳一位著名的歌手曾出资300万元资助了178个贫困学生，但当他自己病重住院而经济十分困难时，他先前资助过的那些学生，竟然没有一个人来看他。其中有好几个已经大学毕业，有几个就在深圳。新闻披露后，有一个受助者居然怨气十足地说，这让他很没有面子。

什么时候人们变得如此冷漠？面对给自己提供学习机会的恩人，却道出了"让自己没有面子"这样的话，这到底是资助人的悲哀，还是被资助学生的悲哀呢？资助者用感恩的心回报社会，想用自己的能力温暖一些自卑和受伤的心灵，却不曾想到，自己的善意之举换来的是让人凉透心的一句话。

感恩，自古就是中华民族的传统美德，也是衡量一个人道德水平的标准。古人说"滴水之恩，当涌泉相报"，但实际生活中施恩的人却很少有如此要求，别人不要求并不代表自己就不需要感恩，即便不感恩，至少不能忘恩，更不应该伤害付出者善良的心。

让感恩之心感染每一颗心，让人间成为有爱的天堂！

感谢那些折磨你的人

有人说，人生是一次长途跋涉，旅途中常常有曲折和险阻，甚至会陷入人生的低谷，被人攻击、嘲笑、讽刺……此时，对于世事，我们可能觉得世态炎凉，甚至失去对人生的希望，开始抱怨、痛恨……但这种消极的处世态度又有何用呢？能改变他人对你的看法吗？ 不能！ 相反，如果我们始终抱着感恩的心态，那么，我们看到的就不仅仅是人情的冷暖，还有与之一起并存的美好，因为没有他人的贬低，你就无法看到自己的不足，也就无法完善自己，无法激发自己不断奋进的心。 所以，无论遭受怎样的苦难，我们都应该心怀感恩，感恩是一种处世之道，它能让我们看到世间的美好。

其实，很多时候，我们在面对他人的责难与攻击时，最需要超越的就是自己心灵的局限。 如果能以感恩的心态面对一切，就能突破心灵的桎梏，排解所有的痛苦！

日本著名的丰田汽车公司的缔造者石田退三，幼年时家境贫穷，没钱上学，他只能到京都的一家洋家具店当店员。在家具店工作了8年后，由朋友的母亲介绍，到彦根做了赘婿。入赘后，他才知道太太家没有一点财产，这让他感到有些失望。

贫困的生活是很无奈的，他只能将新婚太太留在彦根，一个人到东京一家店里当推销员。所谓的推销员，其实就是推着车子去推销货品的小贩。这样咬紧牙关干了一年多，他的身体终于支撑不住了，无奈之下，他离开这家店回到妻子家。

然而，在这里等着他的并不是温暖和安慰，而是鄙视的目光和令人难堪的日子，"你真是个没有用的家伙！"周围的人看他的目光是如此，岳母更是丝毫不留情，她说："你是我见过的最没有用的人！"这些羞辱几乎气得他眼前发黑，几近晕倒。步履艰难地过了几个月后，他终于承受不了这些沉重的压力，被逼得想通过自杀来解脱。

他抱着黯淡的心情，前去"琵琶湖"自杀时，却忽然间恍然大悟。他猛然抬起头来，想到："像我如此没有用的人应该非死不可，但如果我真有跳进琵琶湖的勇气，为什么不拿这勇气来面对现实，奋力拼搏，打开一条出路呢？我应该尽自己最大的努力，奋发图强，克服重重困难，用坚定的毅力做出一番轰轰烈烈的事业来！"

这个想法让石田勇敢地站了起来，一股强大的力量仿佛在他体内激荡着。他不再满脸愁容，不再想着用自杀来逃避现实了，而是搭上了回家的火车。从此，他不再自怜自叹，他托朋友介绍自己到一家服装商店当店员，在这里，他重新鼓起奋斗的勇气，将忧愁化为力量，用坚定的毅力承受来自各个方面的压力和打击。

当他40岁那年，他到丰田纺织公司服务。他不怕艰难，刻苦奋斗，全力以赴地投入工作中。对他处事得当的能力、一丝不苟的精神，丰田公司的创业者丰田佐大为赏识。在石田50岁那年，丰田派他担任汽车工厂的经理；53岁时，公司将经营的大权交给了他。

正和石田后来回忆的一样，人生就是战场，在这个战场上打胜仗的唯一法宝，便是斗志和毅力。"我要感谢那些曾经给过我压力的人，和曾经光顾过我的困难，如果没有它们，我不会有今天。"的确，对于石田来说，他的人生转机就来自于他对周围那些目光的反省，如果没有那场自杀，让他清醒地认识到了毅力的重要性，石田退三恐怕早就命沉"琵琶湖"了，哪里还会有在丰田取得的卓越成就呢？

所以，当我们发现周围异样的眼光时，不妨换个角度看人生，这是一种大智慧。当然，换个角度看待人生，这并不是一句"口头禅"，说起来容易，做起来却是件难事。它不仅仅是身体方位的改变，也不仅仅是空间、时间的转换，而是人的心灵和思想观念的转换。

不经历风雨，怎能见彩虹？不经历寒冷，怎知道温暖？生活中的人们，从现在起，不妨抱着一种感恩的心态处世吧，感谢别人给予的嘲笑、讽刺、责难甚至攻击吧，把它们当作是上帝赐予的礼物，以感恩的心寻找生活中的阳光和希望！

懂得包容是智慧的体现

拳王争霸赛正上演着一场看似普通的比赛。

交战双方都是美国人，一个年龄较大，叫卢卡，约莫32岁；另一个年轻一些，叫拉瓦，大约26岁。大战几个回合后，两个人半斤八两，各有千秋。下半场决胜局，拉瓦几次重击，卢卡的脸上伤痕累累。

几个回合结束后，拉瓦立即向卢卡表达自己的歉意。他先替对手擦干净血迹，又用水为他清洗。整个过程都带着内疚，好像自己做错了什么事。由于上了年纪，体力下降，拉瓦的出击让卢卡一次次倒地。规定是，一方倒下，裁判便计数，时间规定内如果起不来，对方就输了。然而不等裁判数完，拉瓦就主动扶起对手。起身后，双方总是相视一笑，然后继续比赛。

之前的比赛从没出现过这样的情景。

最后，拉瓦赢了，大家都为他喝彩。拉瓦却很平静，他走向一旁的卢卡，把一大束鲜花送给了他。

最后双方相拥，互相祝贺，就像久别的亲人。虽然是对手，但不失情谊。他们紧握对方的手高高举起，向观众道谢。人群激动，报以更为热烈的喝彩声。

懂得包容才是智慧的体现，包容比暴力更有用。宽容待人是大智慧，做到这一点，便能应付不同的人，不断提高自己的威望。摆正自身与他人的位置，才能一直保持谦逊，不断进步。

"丢开责怪的包袱，才能飞得更高。"包容，解放的不是别人，而是自己。

一天，老板命麦克外出谈生意，并告诉他："你需要助手的话，自己挑。"

麦克道："林肯吧。"他的选择让老板很不解。林肯出了名地懒，缺点又多，怎么会选他呢？

麦克解释道："这次生意很重要，林肯本是项目组成员，把他丢下了，他肯定不高兴。他若是搞内部破坏，那后果谁能预料？带着他，给点功劳，他就会安分。于己于人，这么做都不会错。"老板一听，觉得很有道理，对麦克大为称赞。

包容与谦让，是不可或缺的品质。适时地退让与包容绝不代表胆小懦弱，畏首畏尾。将心比心，设身处地，就能做到友善待人，平易近人。以柔克刚，才是大智慧，最终，你收获的将不可限量。

人生需要给予

哲人说:"人生需要给予。"无论是自己给予别人,还是别人给予自己,这本身作为一种生活方式而存在着。其实,人生在世每个人都在给予。只是有人的给予,是为人所见,有人的给予,是不为人所知。但是这两种给予都是高尚的,值得歌颂的……也就是因为这世界有了给予,生活因而变得如此美丽,所以这个世界让人留恋。

著名励志大师卡耐基就他的推销经历谈道:"我每天早晨干活时都这样想:'我今天要帮助尽可能多的人,而不是我今天要推销尽量多的货',这样我就能找到一个跟买家打交道更容易、更开放的方法,推销的成绩就会更好。谁尽力帮助其他人活得更愉快更潇洒,谁就实践了推销术的最高境界。"

同样,给予也是寻找快乐的最好方法之一。把自己的爱心无私地奉献给别人,别人也就会在你最困难的时候给予你帮助。在给予与被给予的过程中,你会发现给予的魅力,它会使你永远生活在快乐的海洋中。

美国一位青年在18岁生日那天，在他的再三央求下富有的哥哥送了他一辆漂亮的轿车做礼物，邻居一位十多岁的男孩看了后羡慕不已，在轿车旁左右端详。青年以为少年会说"要是有人送我一辆就好了"，但出乎他的意料，少年说的却是"我要是能送一辆给弟弟就好了"。青年深为少年的一颗诚心所感动，就主动用车送这位男孩回家。到家后这位男孩让青年稍等一下，并进屋用轮椅推出了弟弟——原来，男孩的弟弟身有残疾。此时，青年以为男孩要让他的弟弟也坐一坐这辆新轿车，可是他又错了——男孩指着轿车对自己的弟弟说："看吧，这是他哥哥送给他的礼物，将来我也要送给你这样的礼物。"两次误会使青年明白了一个道理，少年一心想的是要"给予"他人，但他因"给予"所得的快乐似乎远比自己"索取"所得的快乐要多得多。

的确，给予的快乐是索取远远无法企及的，尽管有些给予显得那么微乎其微，可能只是一个不一定能够实现的梦想，可能是一个遥遥无期的承诺，甚至只是一个宽慰或赞赏的微笑，但这却足以让他人受益终身。 只因这给予多半是建立在坦荡无私的基础上的，因此这快乐就来得那么亲切和自然，那么真挚而感人。

世上每一件事都需要给予才能做到，当有了给予这个名词时获得也就诞生了。 世间万物有给予就有获得，当给予消失时，获得也就荡然无存了。但是，应该明白不是所有的付出都有回报，但没有付出就一定没有回报。这个道理其实很多人都是明白的，但很多时候，当付出之后没有回报时，相信很多人都是有几分失落和不甘的。如何去调节这样的心态呢？此时，应该不断地告诉自己，不是付出没有回报，而是付出得不够，或者我们已经得到了另一种形式的回报了。

如果说回报是天空中的一颗璀璨之星，那么给予便是通天之梯，只有沿着这座梯，才能摘下星星。一分耕耘一分收获，学会给予，回报才会张开它看似吝啬的双臂，主动向我们走来。

Part 6

静心前行,用理智控制情绪

远离负面情绪

有一位刚刚踏入歌坛的歌手,当他将自己精心制作的录音带寄给一位有名的制作人之后,便开始每天守候在电话机旁边等待回音。第一天,这位歌手满怀希望,在等待的过程中,始终保持着极佳的情绪,并且与人大谈他未来的音乐抱负;到了第17天时,因为情况不明,他的情绪开始起伏波动;接着,在第37天,因为他对前程感到了忧心,情绪便显得十分低落;直到第57天,他的情绪已经糟糕透顶,他认为自己的希望落空了。没有料到,此时电话铃声突然响起,他立刻拿起电话,想也没想就对电话那头的人破口大骂,最后对方告诉他:"我是收到你录音带的制作人,不过你似乎并不乐意接到我的回电,那么我很遗憾地告诉你,我们双方应该不会再有合作的机会了。"

"你现在是欢喜悲伤,还是一点儿也不知愁?"这是歌手李宗盛曾经演唱过的一首歌曲,其中的歌词说明了人们的情绪会不断地变化，甚至往往会在某一段时间内，也能经历喜怒哀乐的多种情绪。即使如此，我们还是能够对无法控制的自然情绪反应，进行适当的调整，这也就是说，只要你能随时提醒自己、鼓励自己，就一定能够经常保持好情绪，从而使坏情绪不会经常来打扰你。

　　身处一个群居的社会，如果我们的情绪不能维持一定的稳定，或者经常反应过于激烈，那么就会成为自己人际关系上的障碍，所以我们需要提高个人修养，学会如何稳定、疏导并且调整自己的情绪。有许多心理医生相信，一切形态的不快乐，均是起源于情绪得不到疏通，而当人们能够抒发情绪，不再暗自承受心理上的压力时，整个人就会变得心平气和、轻松愉快。那么，我们该用什么方式来疏导、调适自己的情绪呢？

　　　　有人询问一对结婚50年的老夫妻，是否有维持婚姻幸福的秘诀。老先生回答说："我跟我妻子结婚的时候有一个约定，那就是当她有烦恼时，她可以告诉我；而如果我对她有所不满，我就要出去散步，因此我想我们婚姻美满的主要原因，就是因为我大部分的时间都是在户外度过的！"

　　虽然这是一则流传很久的笑话，但是在日常生活中，大家难免都会遇到些挫折、不愉快的事情，并且为此生气、焦虑、烦恼、不安。但是这些负面情绪要是经常发作，又无法得到适当控制的话，除了会对身体健康产生影响，还会造成人际关系上的紧张。

　　心理医生梅耶曾经说："烦恼会影响到人体的血液循环

以及人们的神经系统,很少有人是因为工作过度而累死的,多数的人都是被自己给烦死的!"所以,你可以在感觉情绪不佳时,学习故事中的老先生外出散步;也可以拿着一个软软的枕头,走进一个能让你独处几分钟的房间,做个深呼吸,再用枕头盖住你的脸,尽情地大声尖叫或者怒吼,如此一次一次地重复,直到你感觉所有的情绪都已经释放出来后才停止;接着,你就静坐片刻,并且开始集中你所有的知觉,好好感受解脱压抑情绪的滋味。

由于人是具有情感的群居动物,所以我们对外界会产生许多的好的坏的情绪,这也是十分自然的事情,更何况,即使是涵养很高的人,也不可能从来不会有不良的情绪产生。 只是,有一些人习惯于压抑自我真实的情绪,也许是个人的性情使然,也许是为了顾及某些人,然而,无论压抑什么样的情绪,长久下去,都只会对身心健康造成伤害!

如果你要带着不良的情绪和表情开始你一天的工作,那么这将会影响到你当天的举止态度,也会决定你在那一天里的遭遇。 所以,你可以带着高昂的情绪开启一天的序幕,想着:"又一个好日子要开始了。"你还可以替自己立下一个目标,比如,在上班的途中微笑 5 次,或是早晨起床,沐浴一下;用一种积极而轻松的表情开始每一天。

事实上,有一些情绪宣泄后,并不会产生后遗症,比如欢喜、兴奋、开心等;有一些则会导致后患无穷的局面或者结果,比如愤怒、冲动、暴躁等。 当我们知道如何调节负面情绪时,并不会因为一时的情绪失控而产生不良的结果,我们便能够经常保持愉悦的心情,从而成为一个情绪管理的高手!

快乐也要适度

快乐，本是一件令人心情舒畅的事情。但物极必反，任何事情都有一个"度"，过了这个"度"，事情就会向相反的方向发展。快乐也一样，在一定程度上，高兴能让一个人有积极的表现，但高兴过度则会伤"心"，中医上有个说法叫"喜乐无极则伤魄，魄伤则狂，狂者意不存"，过度的"喜"，就会使人心神不安，甚至语无伦次，举止失常。另外，过度喜悦还能引起身体上的不适，表现为心跳加快，头晕目眩，不能自控。某些心脏疾病患者，还可能因过度兴奋而诱发心绞痛或心肌梗死，正所谓"乐极生悲"。因此，喜乐应当适度。

古往今来，中外历史上有许多乐极生悲甚至狂喜身亡的事例。

相传古希腊有位名叫蒂亚高拉·德罗特的老人，他有三个擅长体育的儿子，在一次奥林匹克运动会上，三个儿子分别参加了不同的项目,没想到都获得了冠军。在运动场上,蒂亚高拉高兴地奔上前去,与三个头戴桂冠的儿子热烈拥抱,正大笑之时,突然气绝而死。

菲利庇德是一名古罗马喜剧诗人,他曾多次参加诗歌大赛,但屡屡受挫,他的信心也因此大大受阻,于是决定告别诗人生涯,但是他参加最后一次诗歌大赛时,没想到竟出乎意料地获得成功,然而,他却当场笑死了。

此外,当一个人快乐到极点,得意忘形的时候,最容易放松警惕,往往看不见即将来临的灾难。

希腊神话里有这样一则故事:

戴德洛斯是希腊最具才干的发明家,有一次,麦诺斯王交给他一个任务:让他建造一座迷宫,这个迷宫必须是任何人都走不出去的。戴德洛斯自视才智过人,毫不犹豫地答应了麦诺斯王。

修建一个复杂的迷宫可能不是难事,但是建一个任何人都走不出去的迷宫可没那么容易,戴德洛斯果然聪明过人,经过一番冥思苦想,终于设计好了迷宫。建成后,戴德洛斯马上赶去向麦诺斯王报告,信心十足地说,自己建的迷宫天下无人可破。正当他得意扬扬之时,心怀不轨的麦诺斯王却说,只有连建造者自己也走不出去的迷宫,才算成功。于是,麦诺斯王便将戴德洛斯和他的儿子伊卡罗斯都关进了迷宫。

这个迷宫确实异常复杂,戴德洛斯自己走了好久也没能走出去。不过,聪明的戴德洛斯转念一想,既然在地上走不出去,那能不能从上面逃出去呢?他灵机一动,找来了羽毛和蜂蜡,做成两对翅膀,准备和儿子从迷宫上面飞走。

起飞前,戴德洛斯交代儿子,不要飞得太高,千万别靠太阳太近。伊卡罗斯飞到空中以后,发现自己就像小鸟一样,在天空自由自在地飞翔,特别兴奋,不一会儿,就把父亲的忠告全部抛到了脑后!他越飞越高,不久,在太阳光的照射下,蜂蜡一点点融化,羽毛一片片散落,翅膀也慢慢崩解了,伊卡罗斯坠落身亡。

可见,喜乐也要适度,切忌被喜乐冲昏了头脑。而要做到这点,平时就应该养成良好的心理素质。

首先要始终保持心理上的平衡,当你进入充满激情、浪漫或刺激的境界中,你应该知道自己不可能永远生活在这种状态中,有了这样的心理准备,你的感情就不会处在大起大落的状态下,只有这样,才能对自己的身心健康有所帮助。

其次,要学会理智地控制自己的情感。如果你现在所处的环境能让你感到无比快乐和兴奋时,你应该及时调整自己的情绪,保持适度的冷静和清醒,让自己的思绪和行为有利、有节,以避免因内心的激情过于汹涌,为日后的乐极生悲留下"伏笔"。

得意不要忘形，失意不要怨恨

在取得某些成绩或者被人羡慕的情况下，控制自己的情绪便显得十分重要。如果沾沾自喜，得意之色溢于言表，便会引起别人情绪上的反感。如有个人最近三喜临门：论文发表、得到晋升、又刚生了个儿子。他自然是踌躇满志，专门去老同学家报喜，言谈中扬扬自得，表情上眉飞色舞，且用教导的口吻对老同学说应该如何如何，不该怎样怎样。弄得老同学脸上无光，心里不快，老同学的妻子脸上有些挂不住，十分生气地出去了，连饭都没做。后来，老同学也不愿跟他再多来往了。其实，此人之失在于不知控制自己的情绪，也不知道照顾别人的情绪。你取得了成绩，老同学知道，本不该大肆张扬；即使老同学不知道而询问，也应该多些谦虚，说得轻描淡写。这样，老同学不但会肃然起敬，而且还会跟你共同高兴呢。

美国科学家富兰克林说："缺少谦虚就是缺少见识。"人都要懂得谦虚，得意之时一定要注意控制自己的情绪，不可忘形。

　　一个人要清楚外面是一个非常精彩的世界，但外面又是一个让人特别无奈的世界。因此每个人都应该这样："得意时不要太张扬，失意时不要太悲伤。"爱因斯坦由于创立了相对论而声名大振。有一次，他九岁的小儿子问他："爸爸，你怎么变得那么出名？你到底做了什么呀！"爱因斯坦说："当一只瞎眼甲虫在一根弯曲的树枝上爬行的时候，它看不见树枝是弯的。我碰巧看出了那甲虫所没有看到的事情。"

　　谦虚不仅是成功的要素，谦逊与内心的平静也是紧密相连的。内心的平静是做人的一种高度的"心眼"。我们越不在众人面前显示自己，就越容易获得内心的宁静，这样，就容易引起别人的认同，得到别人的支持。

　　真正聪明的人是决不会滥用优点和荣誉的，他不会等待着去享受荣誉，他会继续努力去做那些需要去做的事。正如俄国科学家巴甫洛夫所谆谆告诫的："决不要陷于骄傲。因为一骄傲，你就会在应该同意的场合固执起来；因为一骄傲，你就会拒绝别人的忠告和友谊的帮助；因为一骄傲，你就会丧失客观的准绳。"

　　然而，让事情更糟的是，你在得意时越夸耀自己，别人越回避你，越在背后谈论你的自夸，甚至可能因此而怨恨你。同时，骄傲的人必然妒忌，他喜欢那些依附他的人或谄媚他的人，他对于那些以德行受人称赞的人会心怀嫉恨的，结果，他就会失去内心的宁静，以至于由一个愚人变成一个狂人。

　　"木秀于林，风必摧之"，失意时敬人，得意时更要敬人。敬人者，人恒敬之。一般来说，失意的人较少有攻击性，郁郁寡欢是他们表现得最为普遍的一种情绪形态，但别以为他们只是如此。听你谈论了你的得意后，他们普遍会产生一种情绪——怀恨。这是一种转进到心底深处的对你不满的反击。你说得口沫横飞，不知不觉已在失意者心中埋下了一颗炸弹。想想看，这多不值啊。

失意者对你的怀恨情绪多半不会立即显现出来，因为他们此时无力显现，但他们会透过各种方式来泄恨，例如说你坏话、扯你后腿、故意与你为敌，其主要目的就是要看一看你会得意到什么时候。而最明显的则是疏远你，避免和你碰面，以免再听到你的得意之事，于是，你不知不觉就失去了一个朋友。

因此，当你有了得意之事，不管是升了官、发了财，或是一切顺利，切忌在正失意的人面前谈论，如果不知道某人正在失意也就算了，如果知道，绝对不要开口。

学会平静地化解矛盾

生活中充满了矛盾，这不奇怪。交际活动中有了矛盾时，情绪控制便显得十分重要。善于控制情绪，可化解矛盾；失去控制，矛盾会更尖锐。心理素质差的人，与人交际，一有矛盾便怒从心头起，恶向胆边生，剑拔弩张，把事情弄得更糟，把本来不大的矛盾激化而无法解决；心理素质好的人，碰到矛盾，即使非常生气，也能强压怒火，控制调整自己的情绪，这样，便有利于矛盾的化解，大事化小，小事化无。

有一个老教师在拟考试题时出现了失误，集体阅卷时，一个年轻教师便对试题评头论足，言辞极不客气。老教师本来就很内疚，但见年轻人如此让他下不了台，也气不打一处来，结果大吵起来，弄得阅卷工作难以进行。在争吵得不可开交时，组长便让他俩都离开阅卷室。冷静下来后，组长分别找到他们二人，心平气和地给他们做工作，特别向年轻教师指出：不该不顾老教师的面子，感情用事；开导年轻教师向老教师道歉。最后，矛盾得以化解。

这可以看出，年轻教师心理素质显然较差，出现了问题，不知控制自己的情绪，剑拔弩张，加剧了矛盾；而组长的做法，显然对自己的情绪控制较好，终于化解了矛盾。 试想一下，如果组长在二人冲突时，也大发其火，想必事情会弄得不可收拾，难下得了台阶。

我们在与人相处时，不可能事事都一帆风顺，不可能要每个人都对我们笑脸相迎。 有时候，我们也会受到他人的误解，甚至嘲笑或轻蔑。 这时，如果我们不能善于控制自己的情绪，就会造成人际关系的不和谐，对自己的生活和工作都将带来很大的影响。 所以，当我们遇到意外的沟通情景时，就要学会控制自己的情绪，轻易发怒只会造成反效果。

凡是允许其情绪控制其行动的人，都是弱者，真正的强者会迫使他的行动控制其情绪。 一个人受了嘲笑或轻蔑，不应该窘态毕露，无地自容。 如果对方的嘲笑中确有其事，就应该勇敢地承认，这样对你不仅没有损害，反而大有裨益；如果对方只是横加侮辱，盛气凌人，且毫无事实根据，那么这些对你也是毫无损失的，你尽可置之不理，这样会愈发显现出你的人格。

有的人在与人合作中听不得半点"逆耳之言"，只要别人的言辞稍有不恭，不是大发雷霆就是极力辩解，其实这样做是不明智的。 这不仅不能赢得他人的尊重，反而会让人觉得你不易相处。采取虚心、随和的态度将使你与他人的合作更加愉快。

美国总统罗斯福年轻时体力比不上别人。有一次，他与人到白特兰去伐树，到晚上休息时，他们的领队询问白天各人伐树的成绩，同伴中有人答道："塔尔砍倒53株，我砍倒49株，罗斯福使劲咬断了17株。"

这话对罗斯福来说可不怎么顺耳，但他想到自己砍树时，确实和老鼠营巢时咬断树基一样，不禁自己也觉得好笑起来。

因此，在正常的人际交往中，当某一件事惹你恼火时，生气是正常的。但是，如果你不能控制自己的情绪，任其随意发作，害处可能更多。首先使自己的思维混乱，口不择言，以致陷入某种尴尬的境地。由于过于激动，再次会使人在"心不平，气不和"的状况下，说出一些过激的话，做出一些过激的事，事后追悔莫及。在人际交往中有哪些有效的"制怒"方法呢？下面介绍三种办法，供大家试用。

1. 以静制动

当听到别人发表言论态度不友好时，千万不要马上动怒。先让自己的情绪平静下来，以静制动。如果不能控制自己的情绪，听到别人不友好的言论情绪失控，非但不能解决问题，反而会使矛盾激化，甚至引发一连串的不良后果。所以，以静制动的关键是及时调整自己的心态，冷静理智地看待出现的问题。尤其是对待不利于自己的议论，有道是谁人背后无人论，当你听到一些不指名道姓的闲言碎语时，你用置若罔闻、不动声色的方法去对付，是非常明智的。

2. 以柔克刚

在日常生活中，有可能遇到蛮不讲理的交际对手，在不该大声喊叫的时候，偏偏叫嚣不停，甚至还拍桌子，百般刁难威胁，提出无理要求。不过，这类人通常只是虚有其表的纸老虎，或者是自视过高、目中无人的偏激人物，只要你冷静沉稳，以柔克刚，是不难对付的。首先，你不能被他的气势汹汹所压倒。其次，也不用与他正面交锋，更不能怒不可遏，针锋相对。要不为所动，用温和的、镇定的话语表达自己的观点，当他发现威胁恐吓都无法达到目的时，就会偃旗息鼓，改变态度了。

3. 以德报怨

生活中有时会遇到居心不良者的蓄意报复。这时，你千万不要动怒，在这种情况下发怒只能使矛盾扩大，对解决问题、改善人际关系绝无好处。你可以选择以德报怨的办法，诚恳待人，诚能动人，至少也不至于使关系恶化。在人际交往中，以恶对恶，以牙还牙，是下策；以德报怨，以诚感人，才是上策。

Part 7

沉住气,心越静越清醒

耐得住寂寞，经得起考验

俗话说："识时务者为俊杰。"这句话虽然略带贬义，但是确实也不无道理。世事变幻莫测，有时候你会很难判断发生的事情哪些对自己有利，哪些对自己有害。这样的话，你的人生就会不可避免地产生一种盲目，你也就失去了明确的目标。

社会总是处于变革之中，为什么一个成功的人总是能够看得清时局，并且能够根据时局的变化，不断调整自己的发展战略，该发展时发展，该收缩时收缩，审时度势，处变不惊呢？答案只有6个字：越淡定越清醒！这是一种成功人士必备的素质，有了这种素质，必然会有大的作为。

"淡定"！这是盛大老总陈天桥在公司内部的会议和邮件中一再强调的两个字。淡定使得陈天桥对时局的把握恰到好处，从而深深地扼住变幻莫测的商界的咽喉，一次又一次地化腐朽为神奇，成就了自己的大事业。

2006年，因为家庭战略受挫和华尔街对免费模式的质疑，盛大的股价一路跌至最高时期的1/3，市值在一个季度内缩水了20亿美元。

媒体各种质疑不断，冷嘲热讽纷纷而至。但是这个时候的陈天桥显然早就做好了破釜沉舟的准备，所有最糟糕的事情在同一个季度发生后，陈天桥开始了他淡定中的思索和调整，做出了他对时局的判断——整合自己的服务供应平台，打造核心竞争力。

奇迹出现在2007年11月28日，这时的盛大第三季度季报以3180万美元的净利润再次被陈天桥称之为"近乎完美"。为什么会出现这样的转机呢？答案很简单，陈天桥带领盛大多年来所致力于打造的平台优势通过不断整合后集中爆发，现实的强大需求要求供应商有这种能力，而盛大完全具备了。正如盛大某高管曾经说过的："盛大可以每年推出10~20款游戏，想让一两款成为大作不容易，但都失败也很难，这就是大的整合平台的优势。"

但是，这一切在陈天桥的眼里，盛大的发展不过才走出了1/3，怀有雄心壮志的他绝对不会为今天的成绩而有丝毫松懈，因为时局变得越来越复杂。尤其是在盛大艰难转型的过程中，迅速壮大的如巨人网络、完美时空、金山、网龙等公司提高了市场成本，增加了竞争风险。盛大保持了7个季度的连续增长，但市场占有率却从2004年的65%下降到了2007年的25%左右。除此以外，在市值方面巨人网络虽然在IPO后大幅滑落，但依然以超过30亿美元领先于盛大的24亿美元和网易的23亿美元。

陈天桥一直都在默默地"算计着",他认为,企业转型的代价并不可怕,市值的大小也可忽略不计,真正让自己担心的是盛大错过了早期进一步领导创新与整合并购的机会,这种局面导致前两年人才流失严重,自主研发产品也没有什么突破。陈天桥在"第五届中国国际数码互动娱乐产业高峰论坛"的演讲中,为包括盛大在内的"大公司"们的"不尽如人意"做出了深刻的检讨,这也是陈天桥代表中国的企业家对时局做出的积极的反应。

接下来,陈天桥又在2007年表现出了前所未有的眼界和胸襟。从他的"盛大愿意默默地做一颗小小的铺路石"表现出盛大已经将自己升华到了一个产业的高度,我们不难看出,在战略定位层面,盛大终于从英雄的神坛上走了下来,在战略执行层面又以顾大局、看整体的意识提高了其境界。这种转换展现出了一个更为成熟、理智、负责的企业精神。

无论后来如何,陈天桥在2007年所展现出的影响力和执行力皆属非凡,其耐得住寂寞,经得起考验的精神带领盛大最终突出重围。

先下手不一定为强,后下手也未必遭殃。 能够耐得住寂寞的人首先就要有超凡的定力,不然时局稍微有变化你就盲目反应,盲目做动作,那样吃亏的只能是自己。 有定力,耐得住寂寞就是要懂得克制自己。一个人最大的敌人不是别人，而是他自己。对时局的把握也是这样，一个连自己都控制不了的人，又怎么能够对时局的变幻做出正确的反应呢？具体来说，一个人常常受到内心冲动的困扰，表现为不能控制自己，结果使自己的思想和行为出现种种偏差，不能正确地看清时局的演变。所以，培养自我控制的心态，通过克服自己的欲望认真做事，才能远离浮躁，走向成功。

心无旁骛，一次只抓一只兔子

楚国有位钓鱼高手名叫詹何，他钓鱼的工具与众不同：钓鱼线只是一根单股的蚕丝绳，钓鱼钩是用如芒的细针弯曲而成，而钓鱼竿则是楚地出产的一种细竹。凭着这一套钓具，再用破成两半的小米粒作钓饵，用不了多少时间，詹何从湍急的百丈深渊之中钓出的鱼便能装满一大桶！回头再去看他的钓具：钓鱼线没有断，钓鱼钩也没有直，甚至连钓竿也没有弯！

楚王听说詹何竟有如此高超的钓技，连连称奇，便派人将他召进官来，询问其垂钓的诀窍。詹何答道："我听已经去世的父亲说过，楚国过去有个射鸟能手，名叫蒲且子，他只需用拉力很小的弱弓，将系有细绳的箭矢顺着风势射出去，一箭就能射中两只正在高空翱翔的黄鹂。父亲说，这是由于他用心专一、用力均匀的结果。于是，我学着用他的这个办法来钓鱼，花了整整五年的时间，终于完全精通了这门技术。每当我来河边持竿钓鱼时，总是全身心地只关注钓鱼这一件事，其他什么都不想，心无旁骛，排除杂念；在抛出钓鱼线、沉下钓鱼钩时，做到手上的用力不轻不重，丝毫不受外界环境的干扰。这样，鱼儿见到鱼钩上的钓饵，便以为是水中的沉渣和泡沫，于是毫不犹豫地吞食下去。因此，我在钓鱼时就能做到以弱制强、以轻取重了。"

其实，我们无论做什么事情，都需要心无旁骛。只有专心做一件事情，才能做到事半功倍，取得显著的成效。心无旁骛，只专心做一件事，才能发挥人最大的潜力，如果为外界所侵扰，三心二意，终究会使自己无功而返。

《成功》杂志庆祝创刊100周年时，编辑们节录了一些早期杂志中的优秀文章，其中最令人印象深刻的是一篇摘录文章。作者西奥多·瑞瑟在爱迪生的实验室外面扎营三个礼拜之后，才访问到这位著名的发明家。以下就是访谈的部分内容：

瑞瑟："成功的第一要素是什么？"

爱迪生："能够将你身体与心智的能量锲而不舍地运用在同一个问题上而不会厌倦的能力……你整天都在做事，不是吗？每个人都是。假如你早上7点起床，晚上11点睡觉，你做事就做了整整16个小时。对大多数人而言，他们肯定是一直在做一些事，唯一的问题是，他们做很多很多事，而我只做一件。假如他们将这些时间运用在一个方向、一个目的上，他们就会成功。"

心无旁骛，只专心做一件事，全身心地投入并积极地希望它成功，这样你在心理上就不会感到精疲力竭。不要让你的思维转到别的事情、别的需要或别的想法上去。专心于你已经决定去做的那个重要项目，放弃其他所有的事。

把你需要做的事想象成是一大排抽屉中的一个小抽屉。你的工作只是一次拉开一个抽屉，令人满意地完成抽屉内的工作，然后将抽屉推回去。不要总想着所有的抽屉，而只将精力集中于你已经打开的那个抽屉。一旦你把一个抽屉推回去了，就别再去想它。

事实上，许多成功人士的事迹也都告诉我们，凡事专注必定会达到成功。不仅如此，它还能使本来很枯燥的工作变得快乐起来。反之，精力过于分散，哪怕最简单最熟悉的事情都做不好，更别说掌握它、精通它了。

当年，棋王林海峰到日本参加围棋比赛，由于心浮气躁，总是无法专心下棋，于是便请教围棋专家吴清源老先生。吴老先生赠送了一句非常简单的话："不搏二兔。"

一次抓一只兔子都要花费不少精力，更不要说把目标放在一次抓两只兔子上了。若一次搏二兔，不但无法专心，还很可能两只兔子都跑掉呢。

大多数人在做一件事时，大脑里都会想着另一件事。我们不会完全地集中于此时此刻所发生的事上。我们的头脑每时每刻都在进行着交谈以及拥有各种各样的意识流。此刻你的头脑里正在进行着什么样的交谈呢？ 你把多少注意力集中于这本书上？ 你的思维是否已游离至别处？

如果你的思维不可控制地会转移到那些令人分散注意力或使人苦恼的事上（过去已发生，现在有可能会发生或将来会发生的事），那就说明你并没有把你的注意力集中于你手头上的工作，你的大脑在想一些其他的事。那些令人分散注意力、产生压力的想法（害怕、担心、消极的想法）会使你难以集中注意力，从而产生错误的观念，做出错误的决定，无法做好工作。

宋代著名女词人李清照曾说"专则精，精则无所不妙"，讲的也是这个道理。专心可以令精力集中于一点，这样才能把学问和事业做得广阔而又精深。只有全身心地投入到一项事业或工作中，才能够激发起自己的兴趣和能力，取得好的成果。那些经常被外界干扰的人，一是说明他不能专心工作，二是缺乏敬业精神。要知道，敬业也是专注的一种。唯有兢兢业业、全心全意做事的人，才能不被周围的小事羁绊住，不做"无用功"，才有可能"毕其功于一役"，取得学识上的精进和突破。

心无旁骛，只专心做一件事是一个员工纵横职场的良好品格。一个人如果不能静下心，专注于自己的工作，是很难把工作做好的。在当今时代，没有哪家企业、哪个老板会喜欢做事三心二意、三天打鱼两天晒网的员工。从这种意义上说，工作心无旁骛的人，就是能把握成功机遇的人，只有一心一意做事的人，才能受到老板的器重与提拔。

只做表面工作，有百害而无一利

中粮集团董事长宁高宁在《为什么——企业人思考笔记》一书中提到自己亲身经历的一个故事。

他有一次出差，接待方很热情。去接站的是两辆奔驰车，车牌号是888和688。坐进车里一聊，才知道这家企业经营已经很困难了。宁高宁在书中写道："当然，这家企业想做好的愿望是毫无疑问的，不然就不会把好的车牌号都搜罗了来。车牌挂在外面，人人都看得见，这不仅是他们对外在形象、社会地位的重视，而且表达了他们的美好愿望和做好生意的决心。可是企业怎么就出问题了呢？其实有好车牌照、好办公楼的很多企业经营都出现了问题。出了问题后，大家都很奇怪，总是说，这个企业不是挺好的吗？怎么就突然不行了？"

这个故事讲的就是只重视表面工作的害处。 选一个好的车牌号只是表面工作，更重要的还是公司的发展思路和经营管理。表面工作猛于虎，只重视表面工作，不仅浪费"表演者"的精力和财力，而且隐藏了问题，加大了管理者考核和管理的成本，有百害而无一利。人们之所以爱做表面工作，这和领导浮躁、管理浮躁、执行浮躁脱离不了关系。

无论是事业单位还是民营机构，表面工作似乎成了一种流行的通病。要去除浮躁，从注重表面工作转移到出实际效果、实际效益上来。我们以开会为例，同样是开会，浮躁的人和认真的人效率是不一样的。我们都知道美国人崇尚自由，但美国人对待开会是严肃认真的，美国人是"会少规矩多"。说到开会的规矩，世界上恐怕没有人比得上美国人的规矩大了。他们有一本厚厚的开会规则——《罗伯特议事规则》。这在世界上是独一无二的。

《罗伯特议事规则》的内容非常详细，包罗万象：有专门讲主持会议主席的规则，有针对会议秘书的规则，当然更多的是有关普通与会者的规则，有针对不同意见的提出和表达的规则，有关辩论的规则，还有非常重要的、不同情况下的表决规则。

有一些细节规则背后的逻辑原则也很有意思。比如，有关动议、附议、反对和表决的一些规则是为了避免争执。原则上，现在在美国的国会、法院和大大小小的会议上，在规范的制约下，是不允许争执的。如果一个人对某动议有不同意见，怎么办呢？他首先必须想到的是，按照规则是不是还有他的发言时间以及是什么时候。其次，当他表达自己的不同意见时，要跟会议主持者说话，而不是跟意见不同的对手说话。在不同意见的对手之间你来我往地对话，是规则所禁止的。

议事规则这样的技术细节是十分必要的，否则，发生分歧就肯定会互不相让，各持己见，争吵得无休无止，很可能永远不能达成统一的决议，什么事也办不成。即使能够得出可行的结果，效率也十分低下。《罗伯特议事规则》就像一部设计精良的机器一样，能够有条不紊地让各种意见得以表达，用规则来压制各自内心私利膨胀的冲动，求同存异，然后按照规则表决。这种规则及其操作程序，既保障了民主，也保障了效率。

《罗伯特议事规则》是在洞彻人性的基础上，经过精心琢磨而设计的。正是这种对细节把握得精致完美的规则，最大化地实现了公平与效率。这些高效而节约的开会范例，虽然不一定全部符合我们的国情，但是它背后所蕴含的认真态度和踏实精神是值得我们学习的。王符在《潜夫论》中说过："大人不华，君子务实。"在工作中，我们要倡导实干精神，坚决消除官僚主义和形式主义，追求求真务实的作风。

工作不仅要"身入",更要"心入"

工作中只有深入实际,才能发现问题;也只有深入实际,才能做出成果。然而浮躁者往往只能"身入"而不能"心入",就像井里的葫芦,看起来沉下去了,实际上还浮在水面上。要把工作落到实处,就要有一股一抓到底的狠劲儿和百折不挠的韧劲儿,不解决问题不罢休,不出成果不撒手。

袁隆平被誉为"杂交水稻之父",2009年当选为"新中国成立以来最具影响劳模"。是什么促使这位杂交水稻专家不断走向成功呢?可以说,严谨认真的工作精神是他成功不可或缺的元素。

1953年夏,袁隆平结束了大学学习生活,被分配到湖南省偏僻的安江农校任教,开始了长达19个春秋的教学生涯。教普通植物学时,他下苦功,从构成植物体的最小单位——细胞的构造开始,到根、茎、叶、花、果的外部形态,植物的生物学特性及其遗传特性等,进行系统的学习研究。为了在显微镜下观察细胞壁、细胞质、细胞核的微观构造，他刻苦磨炼徒手切片技术。几百次、上千次，一直到能在显微镜下得到满意的观察结果为止。

备课时，他经常提出各种问题自考自答。为此，他走出课堂，来到田间地头，从实践中找答案。他深有体会地说："即使浅显的问题，如果教师本身钻得不深不透，也不可能把课讲好！"

在水稻研究方面，袁隆平的要求更是一丝不苟。跟随他40年的助手尹华奇举了个小例子：一个组合几粒种子如果要播成两排，怎么播呢？要是偶数好办，平均分布；如果是奇数，多出的一粒种子，袁隆平要求不可以放在左边也不可以放在右边，一定要在中间，以保证密度一致，缩小实验误差，达到实验结果的去伪存真。尹华奇说，袁老师不仅这么要求，还要检查。一年做一万多组，每一组的要求都极其严格，导致现在他们都落下了腰肌劳损的毛病。

到了20世纪70年代，中国通过对杂交水稻的成功研究，最终将水稻亩产从300千克提高到了800千克，并推广2.3亿多亩，增产200多亿千克。这些成就不能不归功于袁隆平。

袁隆平院士为中国、为人类做出的巨大贡献，与他严谨认真的治学精神是分不开的。袁隆平身上所体现的是一种严谨认真的工作态度和科学精神。他不仅一心扑在学科研究上,而且还深入田间地头,反复试验,身心并用,数十年如一日,从他身上我们看不出一点浮躁和马虎的影子。板凳能坐十年冷,文章不写半句空,就是这位著名科学家工作和治学的最高境界。身在职场中的我们,也应当拒绝浮躁,像袁隆平院士一样认真投入地对待自己的工作。

坚守信仰，找回失落的"工作情怀"

经营企业和人生，我们需要一种信仰和追求。

毛泽东曾说过，中华民族应该对人类有较大的贡献。这句话是我们理想和信仰建立的基点。无论从事什么样的工作，这句话都是我们努力的方向和动力。有人说过，如果我们始终想着如何用自己提供的产品和服务来满足全世界人民的需求，我们民族工业的发展迟早有一天会如日中天。正是有了这种追求，才有了海尔、联想和华为这些优秀民族企业的诞生。

张瑞敏为海尔集团提出的最响亮的口号之一是"海尔中国造"。这个口号为中国企业的品牌发展揭开了光辉的一页。"1984年，我第一次走出国门，一位德国朋友对我说，在德国市场上，最畅销的中国货就是烟花、爆竹。对我来讲，听了之后有一种心里在流血的感觉。难道中国人只能永远靠祖先的四大发明过日子吗？那时候我就有一个梦想，有一天，由我造出来的产品能在德国市场上畅销，能在世界市场上畅销……"

同样,联想公司也拥有自己特色的爱国主义精神,那就是"扛振兴民族计算机工业大旗,以振兴民族工业为己任"。

柳传志一直认为,他们这代人身上存在着一种在青年时代形成的理想,那就是为中华民族的复兴而发愤图强。同样,以任正非为首的华为集团,也是一家以报国为己任的民族企业的优秀代表。可以说,没有使命感就不会有华为这个技术型公司。1988年,任正非从部队转业,以2万元注册资本创办深圳华为技术有限公司,主营电信设备。他创业的原因是:只有技术自立,才是根本,没有自己的科技支撑体系,工业独立是一句空话,没有独立的民族工业,就没有民族的独立。怀着对国家的使命感,以军人的献身精神,任正非开始了艰辛的创业历程。

企业是企业家精神的人格化。企业家最初创业的信念,往往会融入企业文化,成为其中最鲜明、最有号召力的精神力量。企业家的信念最终会化为企业内每名员工的信念和行为,成为大家共同的信仰和纲领,为企业的成功带来巨大的推动力。海尔、联想和华为的成功就是这样。

与许多企业相比,海尔员工的工资并不是特别高,但他们充满了工作的激情,就连发明创造的热情都比其他企业要强很多。海尔技术中心部的张汉奇博士到海尔工作后,谢绝了许多外企的高薪聘请。他是这样解释的:"因为有了信仰,所以在海尔我能看到民族工业的明天,我为自己是一个海尔人而自豪。"

信仰的力量是无穷的,有了信仰,才有了精神的寄托和追求，才有了巨大的勇气和不竭的动力。没有精神追求的人，很容易沦为物质的奴隶，他们也不会有幸福可言。

  一个只有金钱而没有崇高思想的社会是会崩溃的。同样，一个只注重金钱而轻视精神的企业也难以有长远的发展，对于企业来说，需要有自己的理想愿景和发展目标；对于我们个人而言，要有自己的工作信仰和精神追求。只有这样，面对困难我们才能够奋勇向前，面对诱惑我们才能够恪尽职守，面对懒散我们才能够锐意进取；只有这样，我们才能够团结在一起，为了美好的明天而共同努力。

Part 8

心静了,幸福就来了

谁是谁非不重要

人生就像一场考试，总是在回答各种各样的问题，选择题、判断题和填空题一应俱全。

选择题相对容易，就算你不知道正确答案是什么，但因为有选项所以你也有机会蒙对。是非判断题非对即错，也有50%的胜算。填空题就没那么容易了，因为既不能猜也不能蒙。其实，做判断题的时候，就算你分清了对与错，也不意味着你已经对了一半。

是非对错之间真的有明确的界限吗？我们该如何看待是非对错呢？小时候我们深信不疑的东西长大之后却令人心生质疑，现在的社会似乎已经不是小时候看到的那样，因为小时候，对错曲直非常明确，但是现在似乎对错都不那么清晰了。

很多时候对与错没那么重要，我们是否达到了目的才是最重要的。顾客因为想退货和售货员吵得不可开交，因为司机多绕路乘客大发雷霆，闹得不可收拾。最后想退货的没能如愿，想省时间的却浪费了更多的时间，还使彼此都非常生气，有必要吗？有的人认为，"我就是要争一口气，我是在理的"。 没错,你争了一口气,你觉得自己占据了上风,可是你为了争这个理浪费了多少时间,付出了多少代价?

很多情况下为了这个"理"和这口气,你用了大半天时间去争吵。 遇到那些脾气火暴一些的,还可能引发争斗,严重的甚至还会触犯法律,构成犯罪。 既然是这样,我们不妨忍一下,说不定会柳暗花明又一村。 下面的例子就非常典型。

小李进办公室问老总:"您好,昨天那份文件签了吗?"老板慢慢地反应了一会儿,翻箱倒柜地找了半天,有些抱歉但是又非常无奈地说:"抱歉,我没见到那份文件。"如果还是刚走上岗位的小李,他肯定会很较真地对老板说:"我亲眼见到秘书拿着文件放在您桌子上的,是不是您不小心丢进纸篓里了!"但是现在他不会这样做了,因为他最终的目的是让老板签字。所以他心平气和地回答:"这样啊,我再回自己办公室去找一下。"于是小李回到办公室把文件备份重新打印了一份,交到老总手里,老总二话没说直接拿笔签字。小李聪明地解决了和老总的冲突。

聪明的人是大智若愚的,有的时候真没必要这么计较。 生活中不需要针尖对麦芒,因为在错综复杂的生活面前,孰是孰非真的没有必要较劲。

走在路上看到两个人吵得不可开交,好奇地走上前去,在一旁听了老半天,你也不知道二人因何争吵,你也不知道该如何判别。 那么,你就不要判断孰是孰非了,告诉他们忍一忍风平浪静,退一步海阔天空。

做一个善解人意的人

　　肯尼斯·库第在他的著作《如何使人们变得高贵》中这样写道:"暂时放下你手中的工作,想想你最感兴趣的事,再想想你漠视的事情,然后将它们做个对比。那么,你整个人就会变得豁然开朗起来,因为所有的人都是现在的态度！这就是,当我们在和别人相处的时候,你能否理解他人的观点,设身处地地为他人着想,这将直接决定你有怎样的未来。"

　　为此,卡耐基曾经讲述了这样一个故事:

　　　　多年来,我养成了在公园散步和骑马的习惯,这是我最喜欢的放松休息的方式。我对一棵橡树非常崇拜,就像基督教徒一样。因此,每次我看到树木被大火焚毁的时候,我的心里就会非常难过。火灾的原因不是烟头,而是小孩子们在树底下野炊、烧烤造成的。有的时候因为火灾比较严重,消防队都要出动来灭火。

　　　　在公园一个不起眼的角落里,有一块从来都起不了作用的警示牌：严禁在公园里使用明火。但是在那样偏僻的角落，基本上没人会注意到这里还有一个牌子。但是我想尽自己的能力去保护公园。

刚开始的时候，只要看到孩子们在点火，我心里就愤愤不平地想要教训他们。我每次都骑着马来教训他们，用威严的语气严肃地警告他们：要是再引起火灾，就把他们全部抓起来送进监狱。我用不容拒绝的强硬口吻强制他们灭火。要是孩子们不同意，我就用把他们送进监狱来威胁他们。我将心中的愤怒释放出来，完全没有考虑到他们的想法。

在我的威胁恐吓之下，孩子们听从了——但是还是心不甘情不愿的。我骑马离开之后，他们再次点火做自己的事情，并且点的火更多更大了。

伴随着阅历和人生经历的增加，我懂得了更多的人情世故，知道人在做事情的时候需要站在对方的角度去考虑问题。于是，我不再用威严的口气命令他们，而是走到他们的火堆边，对他们说：

"孩子们开心吗？晚餐你们想吃些什么呢？我从小到大一直都喜欢火堆，但是我想你们可能都知道，在公园点火很容易引起火灾，非常危险，我知道你们都是懂事的孩子，会小心翼翼的，但是有的小孩子特别不小心，他们看到你们在这里点火，就学你们也要在这里点火，而走的时候没有把火完全扑灭，风一吹火苗就蔓延开来，所有的树木花草都被烧死了。要是因为不小心，这里高高的树木就再也不会有了。很高兴看到你们玩得这么开心,但是我还有一个小小的愿望,希望咱们一起把火堆附近的树叶清理到一边,并且等离开的时候用泥土把火堆盖住,这样就不会有火灾隐患了。你们能实现我的愿望吗?如果下一次还要在公园烧烤,那么咱们能不能去山丘那边的沙坑里点火。如果在那边的沙坑里点火,就会非常安全……太感谢你们了,孩子们!你们真的是懂事听话的好孩子。"

这种方式非常奏效,孩子们非常乐意接受,心甘情愿地主动配合。他们不是被动地接受,也没有觉得自己没有面子,心中自然乐意。我的心情也很好,我想到了孩子的感受,站在他们的角度来处理这件事情。

上面的故事告诉我们站在对方的角度来考虑问题的重要性,这样一来对方不会觉得是被强迫、被命令的,因此也更容易配合。

抱怨抓不紧，不如给对方自由

美好的爱情大家都向往，但是现实总是不尽如人意，残酷的现实一次次摧毁着人们的美梦。你以为那就是爱情，不过是在爱的陷阱中沉沦，这让很多人痛苦绝望，在挣扎中耗尽心力。这时候只有你自己勇敢地走出来，才能拯救自己。

人生本来就是瞬息万变的，懂得珍惜，懂得放弃，该哭就哭，该笑就笑，该出手时就要果断地出手，该放弃的时候就不要有任何犹豫……就算你种下的种子没有开花结果，就算你的努力烟消云散，但曾经拥有过，你就不应该遗憾终生。

是的，有了朋友和家庭的陪伴我们不再孤独，不再没有安全感。但是很多情况下，虽然彼此已经不再爱对方，但是因不想陷入孤单寂寞，就选择痛苦地纠缠在一起，反而让彼此都很难过。

所以，当你和爱人在一起已经是痛苦多于快乐的时候，你就该毫不犹豫地放手。选择从他人生活中转身离开，是很寻常不足为奇的，因为这时候只有果断地放弃，才有机会拥抱接下来的幸福。

　　一个丈夫前后八次向妻子提出离婚,但是妻子就是死拽着不放手。即便到了法院,依旧是女方胜诉,就这样他们耗了29年。漫长的29年时光,妻子从少妇变成了中老年妇女,两鬓斑白,原本红润的脸颊也变得蜡黄了,脸上的皱纹更像岁月的流逝一般,她早已身心俱疲。
　　因为一直不能离婚,他们维持着表面上的婚姻关系,但是没有爱情的婚姻是没有生命力的。她耗尽了自己的青春,换来了一身的疾病和心灵的创伤,也让自己没有机会重新寻找爱情,孩子也陷入他们的痛苦之中。
　　结果,法院最终判定二人可以离婚。两年之后,这个女人心情抑郁,病情加剧,不治而亡。

　　多么不幸的妇女,但是更多的不幸是因为她不懂得放手,当她知道对方不愿意继续这样的婚姻后,她依然拽着不放,因此坚持不和丈夫离婚,既折磨自己又折磨丈夫。 所以,放弃也是爱的另外一种方式。 越害怕失去,反而越容易失去。 当你试图用绳子牢牢捆住对你没有爱的对方的时候,还不如给彼此自由的空间。 爱也需要自由。
　　即便是身边最爱的人也应该拥有属于自己的空间,能去做自己喜欢做的事情,例如他喜欢集邮或收藏,在你看来似乎有些不可理喻,但是你不能因此就阻碍他做这些事情,你要学会尊重他的这些爱好。
　　很多时候爱人要有自己的空间去做自己喜欢的事情,让他觉得自己是有自由的。我们不能用爱的名义给爱人设置一个锁链，让他们没有自由。如果这个时候我们能给予一定的支持和理解，鼓励他们做自己喜欢的事情，让他们自由地享受，那么他们也能感受到我们带给他的快乐。

我们确定，真爱不会受到时间和空间的阻隔。因此，夫妻二人除了关爱对方，更需要保持一定的距离，给彼此自由的空间。在这个空间里，你可以彰显自己的个性，发扬自己的兴趣，保留心中的隐私，永远都戴着一层神秘的面纱，永远都不要揭开它……不要什么时候都黏着他，如果他决定离去就不要勉强挽留，不要苛求他眼中只看到你一人，一切变化顺其自然就好。

爱需要我们彼此扶持

如果你能发自内心地去爱一个人，将爱传递给对方，让对方感受到你的爱，那么此时爱就会产生意想不到的力量，因为爱是建立在相互支持和宽容之上的。

第一次世界大战期间，美、德双方在一个平原上展开了激烈的战争，两军中间是一条无人带，密集的枪声响彻云霄。这时有个年轻的德军士兵想爬过这个无人地带，却没想到挂在了带钩的铁丝上，他痛苦地哀号着，在那边不停地呼救呻吟。

美军士兵真真切切地听着他的哀号。其中一个美军士兵听不下去这样的哀号，他冲出战壕，一路匍匐前进，目标就是那位被钩住的德军。其他的美军明白他的意思，马上收枪停火，而德军不知道缘由，还在开枪扫射，后来德军的指挥了解了情况，也马上下令军队停止开火。

这个时候战场上变得鸦雀无声。美军士兵终于爬到了德军士兵那里，帮助他脱离了铁丝钩，扶着他走向德军战营，亲自把他送还给迎接他的同胞，然后他才返回，向自己的阵营走去。

　　忽然他感觉到肩膀上有一只手，他马上警惕性地转过身来，发现拍他的是一位德军军官，他曾获得过铁十字勋章，只见这位军官把自己的勋章摘下来别在他身上，以保证他顺利走回美军军营。直到这位美军士兵安全回营，双方才再次交火，继续激烈的战斗。

　　在这个五彩缤纷的世界上，有冷血无情的杀人犯，有贪污腐败的高官；每天都有流血和死亡发生，每时每刻都有钩心斗角和欺骗存在；除了奢侈享乐的生活，还有各种各样不同名利的诱惑。这些，不会因为我们的漠视就不复存在，我们凭一己之力也无法清除它们。但至少我们可以让这些东西不侵蚀我们的内心，让自己的心保持一片洁净与清澈。

　　我们始终都坚信这样的道理："自己的生活掌握在自己手中"，我们要抵制世间的名利诱惑，保持自己心中的善良与淳朴，爱护自己的心灵，坚持理想与正义，坚持真爱与美好，坚持人性中所有的美好品德。那么就算我们不能完全清除世界的黑暗，但起码也能保证自己世界的美好。

　　我们相信世界充满爱，坚持用真心将其传递下去。长期坚持下去，我们就能感受到爱的力量，它能让我们的心灵感觉到温暖。就算是我们认为穷凶极恶的人,他们内心深处肯定也有一片充满爱的地方,那里是可以被感动的。就如有句歌词这样唱道:"如果人人都献出一点爱,世界将变成美好的人间。"这样美好的世界有谁不向往呢？生活中不乏做好事不留名的"微尘",他们的作为正源自心中的爱,是他们的爱心温暖了你我,温暖了世界。